Belongs to:

_____

Content

JANUARY DAY - 1

Very Hard

```
5 4 . | 3 . . | . . .
. . . | 8 . 4 | . 1 .
. . . | 5 . 6 | 4 2 .
------+-------+------
4 8 6 | 7 1 9 | . . .
9 . 1 | 4 3 2 | 6 7 .
. 3 7 | . . 5 | . 4 .
------+-------+------
1 . . | . . . | 2 5 .
. . . | . . . | . . 1
. . 4 | 1 . . | . 6 7
```

JANUARY DAY - 2

Very Hard

```
. . . | 6 3 8 | . . .
4 2 . | . . . | . . 3
. 5 3 | . 2 . | 1 . .
------+-------+------
. . 6 | . . 1 | 4 9 8
. 8 2 | . . 4 | . . 1
. 9 4 | 8 5 . | 6 . 2
------+-------+------
. . 1 | . . . | 3 9 .
. 9 . | 8 5 . | . . .
. . . | . . . | 7 . .
```

JANUARY DAY - 3

Very Hard

```
4 . . | . 9 . | . . .
. . . | 2 8 . | 3 7 .
. 8 3 | . . . | . 9 .
------+-------+------
7 2 . | . . . | . . 1
. . 8 | 9 . 7 | . . 3
3 9 6 | 8 . 2 | 7 . .
------+-------+------
2 . . | 7 . . | . . .
8 . . | . 9 6 | . . 5
. 3 9 | . . 4 | 1 . 8
```

JANUARY DAY - 4

Very Hard

```
. . . | . 5 9 | 7 . .
7 5 1 | . 3 . | . . 8
. . 6 | 9 . . | 3 4 5
------+-------+------
. . 2 | . . 7 | . 5 .
1 . . | . 2 . | 6 . .
5 7 . | . . . | . 8 .
------+-------+------
. 4 3 | . 8 1 | 2 . 6
. 2 . | 6 9 . | . . .
. . . | 3 . . | . 9 .
```

JANUARY DAY - 5

Very Hard

```
2 . . | 5 7 . | . 9 6
. . . | 4 . . | 8 . .
7 1 . | . . 9 | . 3 2
------+-------+------
. . . | . 5 4 | . 8 3
5 . . | 1 . . | . . .
4 . . | . . . | . 5 1
------+-------+------
. . . | . 3 . | . . .
1 6 2 | 9 4 5 | . . 8
. . 7 | . 8 . | 2 . .
```

JANUARY DAY - 6

Very Hard

```
. . 2 | 1 . . | 6 9 7
8 . 1 | 4 6 7 | . 3 .
3 6 . | . 9 . | 1 4 .
------+-------+------
. . . | 1 8 . | . . 4
1 . . | 2 7 5 | 3 . .
. . 9 | . 3 4 | . . .
------+-------+------
6 . 4 | . . . | . 8 3
. 8 . | . . . | . . .
7 . . | . . . | . . 1
```

JANUARY DAY - 7

5		8	4	9	7			
7								
6			2	8		4	5	
			3				8	
						2		4
9	4	3	8					
4	7	6	2			9		3
	1		6	7	9			5
	5	9						

JANUARY DAY - 8

					1	8	4	
							2	5
6	7	5	2		4		9	
	4	1	6			5		9
8	9		1	5			6	4
	5		4				8	
		7	8	4				
5								
2				6			5	7

JANUARY DAY - 9

	7			6			5	9
		6	9	8			2	
3		2	7				4	
	6					5	8	
	3	5			9			
7	4			5		9	3	
4		7					1	
1		9	8	7				
					5	2		

JANUARY DAY - 10

7				2			8	
	2	5	8	1	9			
8		3					4	2
3	4		9	7	2	1		
	9			5			3	
		7	4	3		8		
						3	4	1
5								
6	8				1		5	

JANUARY DAY - 11

		5		3				4
	9				4			
4	8		9		5			
7		8		6				3
	6	2	8					7
3			2	1		4		6
		7	3					8
	1				8	3		9
8			4			5		

JANUARY DAY - 12

5	9		8			4		2
3		7						5
2			8	3				1
4			1	6	7		5	
						8	2	
		9			8			
			2					
7			3	9		5	6	8
9				8	3	2	4	

4

JANUARY DAY - 13

Very Hard

5				2		1		7
1	7		9					5
						9	3	
8				7				
6	9			8				4
	2	1				6		
9		5	6	1		4	2	
3	4		2			5		
	1			5		8		

JANUARY DAY - 14

Very Hard

		7			8		2	1
		1		2	3	4	6	
	4		1				7	
		3	6		7		1	
	7		9	3	5	2	4	
	5							
			6			1		
1			2		9	6		
2						9	5	

JANUARY DAY - 15

Very Hard

	4	8						
	1		5	8		3	4	
		3	1		2			8
		6		9	1	4		
	9		7			5		
	3		8		4		1	7
8	6	1				4	7	
	7				5	3	8	
3		5						

JANUARY DAY - 16

Insane

	1					7		
	9			4				5
5			2					9
	9					7		
							4	6
6			7		8	2		
	6			9	3	8		
	8		1			9		
		3		8				2

JANUARY DAY - 17

Insane

		5	2			6		
	7	9			8	3		
	2	1	9		7			
7						5	4	
	4			6	2			
5			8					
2						9	3	6
								1
			6			4		

JANUARY DAY - 18

Insane

			8	4		2		
			9	7			8	
5					6		3	
9			5				1	8
4		8			1			5
	1						6	
6			8		9			
	3	2						
			6				2	

JANUARY DAY - 19

	9						4	3
1				7	4	5		
			9					6
	4	7		8				1
8					5		3	
		5		6	2			
				1				8
							1	
7		1				3		2

JANUARY DAY - 20

8				3	6	9		
			9			8		1
	2			8				
7						4		
				5		3		
	6	4			1			
6		7			8		2	
9				2				
	8	3				7		

JANUARY DAY - 21

			4				2	
	9	2		5		1		
3								
1		6			8	9		4
		8			7			
				6				1
	3	1	9			2		
	8	5			4			
	7		8					6

JANUARY DAY - 22

		7	3					6
	3				1			
								5
		3		2	9			7
						4		
	1	4	7	3	8			
7	8				3		6	
9		2		7	4			
		6					7	

JANUARY DAY - 23

8		9			7	4	1	
3			5					
				3	6			
								6
	1			7		8		
9	3	4						2
			9		6			
			7	2	1			9
	9	8		4				

JANUARY DAY - 24

4	9		1			7		
					4		3	5
	3	6			2			
			5	3		9		
	7	9						3
		2						
	4					2		8
			2	5		6		
3			7				4	

JANUARY DAY - 25

Insane

		3	6			9	5	
				4	9	8		
			7	3			2	
			8					3
6	8		2		3	1		
2		7						
		6	5				1	4
1					8			
					6			

JANUARY DAY - 26

Insane

8			9	1		5	3	
				6			9	5
	5			3	9			
4						6	1	
7								9
	9	8		2				
3	4							8
			5	6		7		3

JANUARY DAY - 27

Insane

				2				3
8	4		5	7				
							4	5
			2		3		9	
4	5					2		
			8				7	6
	2		9			8		
5	6							
		9	4		5		6	

JANUARY DAY - 28

Insane

			1			2		
	9	7			3			5
2	5							
	3			1		7	8	
		4		3			9	
			4				1	2
				7		6		
			8	6				
4			5	9			3	

JANUARY DAY - 29

Insane

2			4					
	4							9
			6	3	7			5
8			1	6		9		
3							5	
		9			4	1	3	
	1	3		8				
			7	9				3
	8							4

JANUARY DAY - 30

Insane

			9	5		8		4
	4							
5						9		
			7	1				9
	6	2				3		
7			3	5				
						7	3	1
	8					5		
6		7	3	4		2		

JANUARY DAY - 31

	2	5				4		
			1	6		3		5
				9				
6	1				9			
			4			9		2
	9				6		7	3
	5	3			2		1	
9								
			3	1				8

FEBRUARY DAY - 1

				4				
	9		2	3	1	7		5
	1		5			4		
7								2
				1		5	4	
		3		9		1		6
	3	4	8		9			7
9		8		7				
	5			6	4	8		1

FEBRUARY DAY - 2

3	8	6		4		2		
			1	6		7		
			3					
		7						
8	2			5	6	4		1
		9	3		2	5		
9		5		2		8	6	4
	3			9		1		
2				8		9	3	

FEBRUARY DAY - 3

3	8				9	7		
	5		6	1		9	3	
	6				4			8
5	2		9	6			4	
	1		4		2	8		
6	9						5	3
8	7	5		4		3		9
	2							
	3	6						1

FEBRUARY DAY - 4

1	6		7		3	2		
	5			6	4	1	7	9
	7			5				6
8			1					
		3		2				
	9		5	7	8	4		
			6	1		7		
						9		2
6						8	4	1

FEBRUARY DAY - 5

				9			1	6
9	4		5	6				
			3		4			
		1					3	
3			8			2		4
8	2		7				6	
			3			6		7
1	8		6	2	5	3	4	9
6			4		9			

FEBRUARY DAY - 6

Very Hard

		1	4				3	8
	8			2	3		5	
3						4	9	
		7	8	4			2	
	3	2	6		5	9	7	
4						8		
6			9	8		7	4	
5	4	9		6			8	
	7				4			

FEBRUARY DAY - 7

Very Hard

	7		3			9	4	
4	8				7		5	
2	3	5		8		7		
9	2	7		3				
8		3				1		7
1					8	2		
	9		4	6			2	
	6			3				
			5					6

FEBRUARY DAY - 8

Very Hard

	2	8	9	1		6		5
				5			1	4
			8	3		7		
3				8				
7			4			9	6	8
6						1	4	3
8		1	5			2		
2		7						
		4	2	8	6	3	7	

FEBRUARY DAY - 9

Very Hard

4			6	7	5			
7		6		9	8		1	5
8		5			3			
			7	5		8	4	
2		8	9		6	7		3
5								9
			5			6	9	
9					1			4
6		4	8					7

FEBRUARY DAY - 10

Very Hard

1		9				5		8
		3		8				1
4		7			1	3		
3				2		8		
			1	7			2	
		2		4	8			
9					4	2	8	
	1	8		3		9		
	5			6	9	1		

FEBRUARY DAY - 11

Very Hard

		2	5	8	4	3	7	
7		5	6	1				
3	4	6		9	2	5	1	
		8		4				9
			5	9		8		
								7
	2		6					
	3	1			5			4
9			4					3

9

FEBRUARY DAY - 12
Very Hard

```
. . . | . 4 . | . 5 1
2 1 . | 8 . 7 | 9 . .
4 . 6 | 1 . 9 | . . .
------+-------+------
. . . | 5 . . | . . 7
3 7 1 | 2 . . | 6 . .
. 6 9 | 4 . 3 | . 1 .
------+-------+------
. . 3 | 7 . . | . . 9
. 5 2 | . . 1 | 4 . .
. 9 8 | . 2 4 | . . .
```

FEBRUARY DAY - 13
Very Hard

```
5 . . | . 9 . | . 7 .
7 . . | 5 . . | 6 . 8
. . . | . 1 . | . . 9
------+-------+------
. 2 8 | . . . | 7 . 6
. . 7 | . . 9 | . 1 3
. . 5 | 1 . . | . 4 .
------+-------+------
8 . . | . 4 7 | 9 . .
. . . | 9 . . | 2 8 .
6 . . | 1 8 5 | . 3 .
```

FEBRUARY DAY - 14
Very Hard

```
. . . | 1 . 5 | 4 9 7
4 . . | . 7 . | 2 . .
. 2 . | 9 . . | 8 . 3
------+-------+------
6 . . | . . . | . . 8
2 . 3 | . . 4 | . . .
. . . | . . 7 | . . 5
------+-------+------
9 3 6 | 7 . 2 | . . .
. . . | 4 6 . | . . .
7 1 4 | 3 . . | 5 6 .
```

FEBRUARY DAY - 15
Insane

```
. . . | 2 7 3 | . . 4
8 . 7 | 3 4 . | . 6 1
. . . | 1 . . | 7 . .
------+-------+------
. . . | . . . | . 4 5
. 2 . | 7 . . | . . .
. . 4 | . . 6 | . . 7
------+-------+------
. . 6 | 4 . 9 | . . .
. . 2 | . . . | . . .
1 8 9 | . . . | . . .
```

FEBRUARY DAY - 16
Insane

```
. . . | 1 . . | . . .
. . 3 | 5 . . | . . .
. 9 1 | . 2 . | 5 . 3
------+-------+------
. . 2 | . . . | . 7 4
. 4 . | . 9 8 | 6 . .
. 1 . | . . 7 | . 3 .
------+-------+------
3 8 . | . . . | 1 5 .
. . . | . . . | . . 8
9 . . | 7 . . | . . .
```

FEBRUARY DAY - 17
Insane

```
. 3 . | 8 . . | . . 9
8 . . | . . . | . 5 .
. . . | 1 3 4 | . . 2
------+-------+------
. . . | . . . | . . .
. . 2 | . . . | 1 . .
4 . 7 | . . 2 | . . .
------+-------+------
6 9 . | . 5 . | 8 . .
. 5 . | . 6 4 | . 7 .
. 8 2 | . . 1 | . 3 .
```

10

FEBRUARY DAY - 18

9		3	7					
		8	9					
6	7				4	1		3
			8	2		5	6	
5					6		7	
8								
					5			1
7		9		1				4
			3			8		

FEBRUARY DAY - 19

6				4	9			
4	3		6					
						1		
				5				
8	2			1				3
		9			2		7	
5		7			1		2	
3	1	8		2		6		
	4				8			

FEBRUARY DAY - 20

		4	2	6				
	1	6	8			9	4	
			4	3		1		
					5	4	7	
	7		6					9
	3				8			
5			8					
	8	7	3		1			6

FEBRUARY DAY - 21

8		1			2			9
	2		7			1	8	5
5					8		3	
	3	4	6		1			
							4	
			2	4			9	
						7		
	8							
7		9		8				6

FEBRUARY DAY - 22

1				5			9	
		9			4	7		
		7		2				
3		8	9	6	5	2		
		5		8	2			
					4			
					3			
9							5	2
	8	4				9		6

FEBRUARY DAY - 23

9	1		2			7	5	
	5			1	9	3		8
		7						1
			4	9	7			
							4	
7						1		
5				6				
			3				2	
3		2	1	5				

FEBRUARY DAY - 24

6								
			8	6		5	2	7
		4		9				
	2		7					4
	9		5	2		7		1
	1		4					6
					7		6	
				2		8		
3							4	5

FEBRUARY DAY - 25

		9				4		
		2			8			
7		3		6	5			
			8			6		4
			7				1	
8	4			5			9	
5	6	7	1		2			
			5				4	2
			9					

FEBRUARY DAY - 26

4					1			6
	9				5		3	7
		7	6			5	2	
				8	9			
						7	4	
		3				2	8	
	8			1				5
7		4		5				
	5					9		

FEBRUARY DAY - 27

			7	4				
6						2	3	
9				8				1
3						6		
							4	7
		4	6	5				
1		5						2
7		2	4	3	9		6	
		9				3		

FEBRUARY DAY - 28

					9			
			3	1				
1		4			7			3
5		6	8			7		
		9						6
		3		2		8	1	
8		5						
	7	2				1		
6						2	7	4

MARCH DAY - 1

				9	5	3		
5	3		6					7
		9		3		6		8
	7	1	5		3		4	
9	4							6
6	8	5	2	4		7	3	
							7	3
			4	1				
		2				9		

MARCH DAY - 2

Very Hard

			4	5		2		
	1		7	2				3
	2	4			3		6	
		1		7	2	4	8	9
8			5					
2		9			4	1		7
				4			1	
	7	3	1	6				
		6					7	

MARCH DAY - 3

Very Hard

		2		5				7
	8	3	2	6	7	5		
7	6	5	8					2
	7	9	5	1	3	4		
		4	7				1	8
			9					
						6	7	
4					9			
2	9		6			3	4	

MARCH DAY - 4

Very Hard

			4	1	8			
			7	2		1		
1	2		3	8	9			4
	1	2		3				5
4	6			5				9
			6	7			1	8
	8	6				4		
7	9							2
			8	7	6	3		

MARCH DAY - 5

Very Hard

	3				1		6	
6				5	8	4		
7								
	4	2						
9	1		5					8
	7		4				3	
1				5	8	7	2	4
	2	9	1	4	7	6		
4			6	2			5	1

MARCH DAY - 6

Very Hard

	6	7	8				5	1
			1			7	2	9
		1		7	5			
2		5			6			
1			7		3		8	2
				4	1	3		
		8		1				7
	1	2	4					
6	7			9		2		

MARCH DAY - 7

Very Hard

6	9						3	
		1				9	4	
4		5		2	6			
			2			8		
1	5			8	3			
		4	5		7			
3	1	9			5	7	2	
			7	1		3	6	
5	6			2				

MARCH DAY - 8
Very Hard

3	1							
	5		6	1	9		3	
		4			3			
		9	5	6		7	8	
1				8			2	
						9	1	5
5					8		4	
2		7				5		
8	9	3			5		7	1

MARCH DAY - 9
Very Hard

			6		3		1	4
			2					9
1	9			5			3	
2				4		3	6	1
9		5	1		6			2
6					7			
7					8	1	9	3
5				3				
		6				7		5

MARCH DAY - 10
Very Hard

		6	8	1		9	7	
			2	9	6	8		3
	8	9		7	5			1
			5	3		6		
9					2			
				1		5	9	
			1		7			2
	4	1			3			
3	2				8	5	1	

MARCH DAY - 11
Very Hard

		8				5		
2	7			1	4	9	3	
			3	5	7	1	2	
	1	4	7	5	2		6	3
								9
7	6		1		9	2		
8				6				
	4	7	9					5
	5		7					

MARCH DAY - 12
Very Hard

4				6		2		1
	2			1		8		9
6	1					7	5	
					6			
	3	2		4	9			8
	6			8			9	
			6	7		9	8	
				2			4	5
	5		9				7	6

MARCH DAY - 13
Very Hard

6			5			1	3	7
1			6			2		4
			1			5		
	2	1	5					9
	6	7		4				
	9			6	7			
	3	8	7	6		4		2
2	1	6					7	
	5	4		9			6	

MARCH DAY - 14

			8		6			9
							2	
6	3	8	5				4	1
3	7				8	9	1	4
	1			4			5	2
5		9			3		7	8
			9	6		4		7
	6					2	9	5
	8			7	5			

MARCH DAY - 15

	8					9		5
				9		6		
			8	1	6	3	7	
	2	3	1			4	9	
	5				2		8	3
1		8		4		5	6	2
			2					1
3		7					5	
8			4					

MARCH DAY - 16

	4		6	8		1		9
		6	4		7			
						3		
	2		9	4				
9			5			4		6
8								5
	8			6				
1			2		5	8		
						6		2

MARCH DAY - 17

6			5		2		4	
5			8	7				
2		8		4			1	
			8	9				
				5				
	4						6	5
						3	7	8
9				1				
	7	2		5				

MARCH DAY - 18

	5			4				
			3				4	
			9				5	6
	2		8			5		
				6				
9	8		4	7				1
			2					
	1	4		9	3		6	
2			6			1		3

MARCH DAY - 19

1				3		4		
	7	8					2	
						7		1
			7	2			9	
		8	1					6
5		2						
		5		8		9	4	
	1		6			4	5		2
	9							

15

MARCH DAY - 20

9		2	5					
	8			4				7
4				7		5	8	
				3			5	
	9		2			8		
			6					
	4	7				9	1	
1				5				2
					4	7	3	

MARCH DAY - 21

7								4
	8					2		
6					3			9
			5					2
3			4	2				
		9		7	8	1		
2		3		5				
			1				3	
4		5	2			9		1

MARCH DAY - 22

	1				9			6
	2			1		3	5	
			3					
1			8				7	
								3
2	7		4	5				8
	6							
					2		6	5
7	8		1		3			2

MARCH DAY - 23

						7		
6	4		2	9			1	
3			4					
1		6	7	5	9			
	5						3	
9			1		2			
			6			5	7	
				7		3		9
7								8

MARCH DAY - 24

		6		7				5
9		4				2		
		5	9					8
								7
				5		6		
		9	1			3	4	
1		3			6	7		
5			8	1			9	
			3		7			

MARCH DAY - 25

				8		6		
								1
	9	1			2			
						4		
	2		8	4				7
		3					2	
	7	5		3	4	2		
			2				3	5
6	3		7			8		9

MARCH DAY - 26

1			6		2		5	7
	9						6	
	6			4	1			
	3	5		4			1	6
								8
4				1				
5		2				8		
	4							2
			3			9	4	

MARCH DAY - 27

4					2		7	
			1				2	3
	7	6					8	
1							3	
3		2			5			
	8		7		4			
	3			1	6		5	4
9							1	
6		1						

MARCH DAY - 28

2		1			4			
	6		7					
3		9				7	8	
		7						
			5			8		
			2	6				3
9		4	8	1	5			
	2		9	6	7			
					3	9		

MARCH DAY - 29

	1		6			4		
	5							6
	4				5			1
	3		7	8		1		
2						7		
						6		3
			3	9				4
8			2			3		
9				4			2	7

MARCH DAY - 30

	4	7			1			
		8						
6		9				2		
			1	8	2	4		
9							1	7
		6		9				
2				7	5			
			6			3		1
8		5					6	2

MARCH DAY - 31

			9	8				
		6				2		3
2				1				6
5		7			9	3	2	
	3				2			1
7		2			1			
3		1		5			8	
					3	6	9	

17

APRIL DAY - 1
Very Hard

9	8		1					
	3	7			2			
		2	4			9	6	
	4	3	7		6	1	9	
	2	1		9	8		7	
		9		4			2	3
	6				7	4		
2	9							
							3	8

APRIL DAY - 2
Very Hard

	7	4		9			3	5
			4		5		9	
9		2						
	9	8	6					3
		3		8		9		6
2					4			7
6		5		1				4
4	3				8			
8		7	2		3			

APRIL DAY - 3
Very Hard

	9	7	6		3			
	2			9				
			2			5		9
3		1			2	7	5	
	5		8		7	1	4	2
4			5	1	6		8	3
		8	3				2	
2	6		7		8	3		1
				4		6	7	

APRIL DAY - 4
Very Hard

			2	6				9
9		6	7		8			3
5		4	3		9	6		
			4	3				8
4		3		9		7	1	2
				7	2			
			6			8	5	
2						3	7	
3				5		2		

APRIL DAY - 5
Very Hard

8		5						3
		6		2		7		8
	3		5		8		4	6
						8		1
	5		4	8		3	2	
			1	3		4		5
6		2		4	9			7
7				5				
			2		7			

APRIL DAY - 6
Very Hard

				7				
	5	3	1		9			
8	7	9					4	
6			7	2	3		8	
	4	7	8		1	5	3	6
	9				5			2
			9	8	6		1	5
		6				8		7
	8		2			4	6	

APRIL DAY - 7

		8		4		6		5
2	9			6		8		4
				8	9			
8	4	6	9	1	7	5	2	
	2	1						
	5					9	8	
4								
3						6	9	
	1	9	2	3		4		

APRIL DAY - 8

			5		7	4		6
4	3		9			2	7	
	1			4				8
3				1		6	5	
	8		3		9			
1			6		4			
			1			8		3
5		3		6	2			
				7		5	9	

APRIL DAY - 9

	5			7		2		6
	7				2	1		3
				3				
4		7			5		1	
5	6			8		3	2	
8			3					7
	4	5			8	6		
1	2			5		7		8
7			3	6		4		1

APRIL DAY - 10

		5		2			1	
	1			6	4			
9				3	7		6	8
	9	6	7	1	5	4		
3		1	2	4	8			
5			6				2	
					6		9	
		9		5	2			1
4				8		2	3	

APRIL DAY - 11

	6	5	4				2	
		4				3	6	
9		3	5		8		4	
			9		6			2
	7			5			3	1
		2			3		9	8
		1			4			
	8	7				2	1	3
	3			8	7			4

APRIL DAY - 12

						4	1	6
	7	4		6		2	9	
5			4	2		7		8
			2			3	7	9
9	5	7	6				8	
3	1		7	9			5	4
	8					9	2	7
		3					6	
7				8				3

19

APRIL DAY - 13

Very Hard

5	9	1		4				
			6		2			
		4			1			
	3				6	7	1	
4				2		5	8	3
1		2	8	7	3	6	4	
	2					9	1	
		8		1	7		6	5
			9		4			

APRIL DAY - 14

Very Hard

			8	5		6		2
		3	4	1	2			8
		2					5	
	5		6			8	3	
			8	9			4	5
	4	9				6		
4	7					3		
6		5	7					
	3	1	2		4			

APRIL DAY - 15

Very Hard

5	7			3		1		4
	6					9	7	2
	9		4	7		3		
3			8					
		9		4				6
	4		3	9		8		
	5		1	4		9		
							2	1
			7			8	4	5

APRIL DAY - 16

Insane

			3			6		
8			9				7	3
				1	2			
		6		7		3		
7	1	4						
		5		6				4
6	2			9	5			
4		9	8			3	5	

APRIL DAY - 17

Insane

			1					
	8							2
9	1	2						
	9			4	8			7
	6	4	5	7				
			3			8		
			8			7		4
	5			1	6		9	
1			3				5	

APRIL DAY - 18

Insane

		5		3			9	6
4					6		8	3
	4	6		7	8			
9				6			3	
8			4		5		6	2
	9						3	5
				4	2			
		1						

APRIL DAY - 19

Insane

			3		4	5		
2				5		6		
							9	4
9	6			8		3	5	
3								
	5			1		4		
	2	1	5					
		6		4				
		3		2	8		7	

APRIL DAY - 20

Insane

		9	8			3		
		4	7		1		8	9
3			6					5
					5			
							3	
1	7		2		8			
		5			9		4	7
		1			3	5		
		6		2				

APRIL DAY - 21

Insane

8		7	9	1		4		
				3		1		
4	3							
	5					2		
9				2				
	1		5	6	8			9
	7			3				
		6		9	2			7
				4				5

APRIL DAY - 22

Insane

9	7					2		
			1	7				
	3						1	
			5			8		3
	9					1		
5			6	2				7
			8	3	9			
7		8		5	1			6
			2		7			

APRIL DAY - 23

Insane

	8	4						
						9		7
		5		4	7	8		
9						6		
6				9				1
		8						
3	5		2				8	9
8	7				4	1	2	
			1	3				

APRIL DAY - 24

Insane

			3	7	2			
	9		5	6	8			
	6							
	1					9	8	4
								7
2					4		6	
	5	9	8					
1		8	4			2		
						5	8	3

APRIL DAY - 25

Insane

			6	1				
	1		2	5		6		
		6	9		4			7
			5					
	2		7	6		9	1	
	3		4					
		5	2			4	8	
2			3					9
		1						

APRIL DAY - 26

Insane

		2	1					
4			5			3	1	
				7			4	
			2					
		1				2	5	
2		7		1				6
	2		8		4			
9					6	8		
8	5	3					2	

APRIL DAY - 27

Insane

9			5		1	3		
		3				6		5
2			9	8				
3		8			9		1	
						2	4	
		5			8			
	3	9			5	7		
5								1
	7			3				

APRIL DAY - 28

Insane

				9				
5		7				4	8	9
					4		5	2
	2		8			5		
			3					
6		4		2				1
9		8	2		6		7	
					7	9	3	
		6						

APRIL DAY - 29

Insane

	6		9	5			8	
								6
				6	1	2		
					1			4
	7					8	5	
1	9	5		8		2		
	4	6						
			3		9			8
		2	6			5		

APRIL DAY - 30

Insane

9								6
3		8						1
7	6	4		2				
				8	1			9
1				7	2			
	4		9			7		
			6				9	2
							6	
8	2			3				

22

MAY DAY - 1

Very Hard

					6	8		9
	2		3	7	8	6	1	
6	8		1		4		5	2
		9	2					
			6		7			3
	7				3		4	1
			8	1	2		6	
	1	4						
			4					5

MAY DAY - 2

Very Hard

2		3				1		
	6		2	4	1		8	
	9	1		5				
	8	2	7	6	4			
6		7	5					8
			8	2		3		
			9	7				6
	3							
			2	6		4	5	9

MAY DAY - 3

Very Hard

			9	3				
9					1			
		5		6				9
7	9		3		8			6
	6	3	7		4			5
			2	3				
	4	1	5	7		6		3
8		7				5	2	
			2			7		4

MAY DAY - 4

Very Hard

	5				7			
			1			8		5
	7		9	5		2		1
		9						
2			8	4		5	6	9
			3	9				
8	1		5	3		6	9	
	4				1	3		
5			8			1	2	

MAY DAY - 5

Very Hard

9	1			4			3	
			8	7	2	1		6
		6					5	
			7	3	9		4	1
	5				8	6	7	
						8	2	
				7	9			4
	6	4					1	
2	7	9	1					

MAY DAY - 6

Very Hard

	7	1	9				2	
3	8		7			6	4	
9			2	3			7	
	6	3						
	1				3	2	8	
			6	7	1			
		4			2			
	2					9	6	
		6	4	9		8	1	2

MAY DAY - 7

```
3 . . | 1 . . | . . 7
4 . 5 | . . 9 | . 2 6
. . . | . . . | 5 . .
------+-------+------
. . 7 | 5 4 8 | . 1 .
. . 1 | . . . | 7 . 6
. . . | 6 1 . | . 8 9
------+-------+------
5 . . | 3 . 1 | 9 7 .
. . . | . . . | . 4 1
. 8 6 | 7 . 4 | 2 . .
```

MAY DAY - 8

```
3 . . | . 5 . | 4 . .
. . . | . 1 . | . . .
7 9 . | . . . | 5 1 .
------+-------+------
. . 1 | 7 2 . | 8 4 .
. 2 4 | . 3 1 | 9 7 .
8 . 3 | . . . | 1 2 .
------+-------+------
. . . | 1 . 2 | 3 9 .
. 4 . | . 6 9 | . 5 .
. . . | . . . | 2 . .
```

MAY DAY - 9

```
. 9 6 | 5 . 7 | 1 . 2
7 8 . | 3 6 1 | . 4 .
. 5 . | 9 . . | 8 . .
------+-------+------
. . 7 | 8 . 6 | . . .
. . . | . . . | . . 1
2 . . | 1 . 3 | 7 8 .
------+-------+------
. . . | . 8 . | . 5 4
. 2 . | 4 . . | 3 . 6
6 3 . | 7 . . | . . .
```

MAY DAY - 10

```
. . 4 | . 5 . | 9 8 .
5 . 8 | . 3 2 | . . 6
. 2 . | . . . | 7 . 3
------+-------+------
. . . | . 1 . | . 4 .
. 4 . | . . . | . . .
2 1 6 | . . 4 | . . 7
------+-------+------
4 . . | . 7 . | 8 2 5
. 7 2 | 4 6 5 | . . 1
. . . | . . . | 3 6 .
```

MAY DAY - 11

```
1 4 8 | 7 . 9 | 2 6 5
. . 2 | . . . | 7 1 .
. . 5 | 1 6 . | . . .
------+-------+------
. . . | . . 6 | . . .
. . 7 | 4 . . | . . .
8 . 3 | . . . | 4 9 7
------+-------+------
2 . . | 5 . 7 | . 4 .
. 5 6 | . 9 8 | . 7 .
7 . . | . . . | . 5 .
```

MAY DAY - 12

```
3 4 . | . . . | . . 7
8 . . | . 6 . | 1 3 4
. 1 6 | . 9 . | 8 . .
------+-------+------
. 3 . | . . 9 | 4 . 1
. 9 1 | . . . | . . .
. . 8 | . 2 1 | . 7 .
------+-------+------
. 8 . | . 7 . | 3 1 .
. . . | 1 8 2 | . 4 .
. . . | . . . | 4 9 .
```

MAY DAY - 13
Very Hard

	5	1			6			
			1	3				
2	3					9	7	
	5	4	6				8	
1				8	3		4	9
	3	9						6
6	1					4	2	5
5	2		7		4			
		4		5	2			7

MAY DAY - 14
Very Hard

	9	6			4		2	3
				2		4		
2	3	4		7	9			
			8			6	7	
	4		2	6		5		
8	6		1		7			2
		3	2			9	6	7
				3		1		8
	1	7		6			3	

MAY DAY - 15
Very Hard

		5		1	9		6	7
	6						1	
1		2		6				8
			4	6		7	2	
2						1		6
		4		7		9		
4	5			3	8			
	2			9	7		3	
7		6		2	1	5		

MAY DAY - 16
Insane

	5	3	7					
4		7	5				8	
			2	6	3		7	
8		1		4			6	
2	9			7				3
						4		
		9				2		
			4	5			9	
			3					

MAY DAY - 17
Insane

	1	3						6
6			3			2		
		4	5			1		
2			6				4	
		7			8		9	
	5					7		
		6						
	9			1		4	7	
7			3				1	

MAY DAY - 18
Insane

3			5					
2			6	4				7
		5				2		6
8			1					
7				6				
	1			7		3		9
			3		5			4
			7	4				8
1				9		5		

25

MAY DAY - 19

Insane

8	4				9		2	6
			4	7		1		
			3	2	6	5		
				8				
						3		7
	2	4						9
				6			7	8
	3	2			4			
		7	2					

MAY DAY - 20

Insane

						6		3
			6	2	1		4	
								7
	2			4		3		
7								6
5	6		9					2
			4		7	2		5
3		7						
			5	3			6	9

MAY DAY - 21

Insane

	4					6	3	
2					1			
		5						
7	1		9			8		
		9				5		1
8		2				4		6
	6		8	9		3		
			1	4				
		7	5			1		

MAY DAY - 22

Insane

				9		7		
5		3						
6				3	5			
		1	3	5		6		
		8		6		4		
	3		9			1		
1		5				6		
			7					2
3	2			8				

MAY DAY - 23

Insane

		4	1			6	2	
5						4		
	6			3				9
		8				2	3	
			3	2				
					1	9	7	
	5		2	9				6
	3				4			7
		7				1		

MAY DAY - 24

Insane

			2			1	9	7
8	1	9	3				6	
				6				
	8			3				4
1		2	4					
3				2		5		
						7	5	9
	2							8
4								1

MAY DAY - 25

4			8	3				6
9			7		5			8
	5			1		7		
3		6	9					7
		9						
2						5		4
1	3			2				
			4					
		4				1		2

MAY DAY - 26

2				7			3	6
9		6					1	
		8	1	9		4	5	
5		3						
	4	7		2		8		
								4
				7				
			4		8		6	
3				1	2			

MAY DAY - 27

	7				6			
5		6			4			9
			2		8	1		
			9	2			1	8
		3	1			5		
						6		
	3							
6	4							7
		9	8	7			3	4

MAY DAY - 28

6								3
			6					2
	5			3	4		7	
		2	3					
	3	1						9
5				1	9			
		5			3			4
	6			2			5	
2				7		3	8	

MAY DAY - 29

					3	1		2
3	9	6				8		
7						6		
			8			7		1
		2			1			
8				3	7			
6			7	5				
	4	9					5	
1			2			9		

MAY DAY - 30

	7		4		2		6	
3				6			4	1
						2		7
4			5	8	7			
				9				
	5	3					8	
7		6						5
9				1				3
			2		3			

MAY DAY - 31

Insane

				7			5	
1				6				3
3			6			2	9	4
		8	4					
	9		1	3				
5	1	9		2			8	
7		3		9	4	5		
								7

JUNE DAY - 1

Very Hard

2	1	8		5	9		6	
	3						5	2
	6		1		7	8		
8		5					3	
	9	6	7		5			
		2	9	6				
6		3			4	9	8	5
9					3		2	6

JUNE DAY - 2

Very Hard

9		2			3	8		
			2	6				
		1	9					
	2		3	4		8	6	
5	9	4	1	8			2	
3					2		1	4
		9		3	4			
8								
7			8			9	4	3

JUNE DAY - 3

Very Hard

1				4				
	6	9			3	4	2	
	5			2	1			8
5	3		6			2		
	4			3	5	1		
6	2			9		8	5	3
	8				9			
2			5				8	
				8				9

JUNE DAY - 4

Very Hard

				2	1	8	3	
9		2				4	5	
	8		6			9		
	6				5	3		
		3				2	6	
		5				1	4	
6				4	7	5		
4						2	7	
	5		2	3		6	8	

JUNE DAY - 5

Very Hard

1		5	2			3		6
	2	7			3			5
		9		8		7	2	
	9	4						7
	8	3	4				9	
	1		9		5	4		8
	3		1					9
	5	2				8	1	
9		1		3	2	6		

JUNE DAY - 6

Very Hard

		9					3	4
1				3				
		3	4	1	8			
3	6	7	8	9	1			2
	1	4	5	6		8		9
5			7	2		3		
					2	9		7
							1	
7		1				2		6

JUNE DAY - 7

Very Hard

	3		4		5	1		
		4	6	2		5		
	5			8	9			7
3						2	1	9
	6		1			3		
1	2	7	5		3		4	6
9			5	4		2		
4	1							
	7					9		

JUNE DAY - 8

Very Hard

4		2	8		5			
8		7		9	2		4	
			7	6		8		9
			2			4	6	
			4	9		5		
						9	3	
1	4		9					
9	3			2				
2			4	8		1		5

JUNE DAY - 9

Very Hard

6		2			5		1	9
		9	8		4		3	2
						5	8	
		7	1		2			
			4					
		8		6			4	
8		1				6		
7	3		6			2		8
2	6	5	4					1

JUNE DAY - 10

Very Hard

5			1	3				
8	3						2	5
			5	4				
2	1	7		8	5	9	6	3
			6			5		1
9							4	2
		3	8					
7		6		4				9
	5	8	7		3			

JUNE DAY - 11

Very Hard

	1	4					2	7
		2	1			9		
				7			5	1
	4		9					3
	2			4		7		
		9		7		2	6	
3		1					4	5
2				9		3		6
	6	8	3		1			2

29

JUNE DAY - 12

2	9							
	7				6	8	5	
8	5			7	9	4		1
3	1		6		4	7		5
	6		2			1		
9				1				
1	2			5				7
7						9	1	
	4						3	

JUNE DAY - 13

						7	8	
	8			3		5		
1	2		8			3		9
3					9	2	4	
4	1	5	3		2	6		7
	9			1	4			5
7	5		6					8
		1	2	5				
	6	2					1	

JUNE DAY - 14

4						2		
			3	6	8		7	
						6		
	6	4		2				
7	8		4					2
3	1	2	7		5		8	6
8	4				1			
	9	1		7				
5	2	3			4		6	

JUNE DAY - 15

8		6	9	3				
	3	1	2	8				
	2		1		6		4	
6	8	4	7	2				
	7		6				3	2
			1		7			
				1				
9	1			4				3
3						1	6	5

JUNE DAY - 16

							7	
3						5		4
6	7		4		5	2	1	
				6	3		8	
			1	7			2	
	5		8			6		
7								
9			6	3				8
5					9			

JUNE DAY - 17

		8			3			
	3			2				
	9			6	7		2	
		2			6			3
		2		9	8			
	8		4			5		
		6			2		3	1
		5				2	6	
	7					8		

30

JUNE DAY - 18

8		1						
5	4	3	8		1			2
	7						8	
		7	1	6				
				3		5		
6			9	8		1		4
					7	4		
							6	
		2		5	6			

JUNE DAY - 19

			6					
		4			1			8
2	5					7		
1					9			
		3	1				4	
5		6			7	9		
			1			3		6
	7				3			
3		8			2	5	7	

JUNE DAY - 20

			7			3	9	
	2	6	9					
		9	2				1	
		4	7	6	8			9
1		5						
	8				2		3	
6					4			5
4		2			6		7	

JUNE DAY - 21

	1		3	8				7
8	9		1	5			3	
		2					1	
	8		9					
		1		2	3			
			7				5	
	7				3			
4					1	9		
		5	8					2

JUNE DAY - 22

		7				6		2
				9				
			6	2			5	9
4					3	1		
			2	4		3		
3							6	4
	4			5	1			
5	3						1	
	7				6			5

JUNE DAY - 23

	4	7	8					
	8	9	2		1			
	2							1
	7		5					
					3		2	5
					8	7		
					9			6
	5					9		
	9	4		1	3		7	5

JUNE DAY - 24

9					5			
		5	8				3	
				9	1		2	
6		3		4			2	
5		8	9		7			
	7					6		
						7	6	
					6			5
			5	7		2	4	

JUNE DAY - 25

1					8	3	7	
		6		3		9	2	
	2				5		4	
		8		3	5			
2								
		3		2				
	8					7		
				6		2		4
9	3	4				8		

JUNE DAY - 26

				4				9
	5	1	8			7		
		7		9			8	3
		5						1
		3		4	6			
		4					2	7
8				5	2			
	2	3	6			1		
			1					

JUNE DAY - 27

	9						1	
2								6
		1	8			3	4	5
		4		8		5		
		6		5	1	7		4
7				6			8	
	8			4	5			
						2		
5				1				

JUNE DAY - 28

				9	6			
		7		8		5		
	3		1		7		4	
4				8	2	1		
	7			6			8	5
			3		1			4
		1						2
							6	
				7	4		9	

JUNE DAY - 29

7				6	5			
	9		5		1		6	
1			7			9	2	
	5	7			9			
	8					6		1
3			2					
		1			2		9	
2	3							
		6		3				

JUNE DAY - 30
Insane

				7		5		
					1			8
5				2			1	6
9						4		
2		4		8			5	
6		7	5					
7	9				3	1		
	4		7			8	9	
							6	

JULY DAY - 1
Very Hard

		3				6		
				4		8	2	
4	7		3				9	
3		7	1			9	8	
9	5		8				6	2
	6	1						
						2	1	6
			7	2	9			
5		2	6	8	1	7	4	9

JULY DAY - 2
Very Hard

9		5	3	2				7
		8			6	5	2	3
2	3							8
5		9	8		1			
7		3			9			
4			5			2		
		4		1				
3		2				7		5
8	1							4

JULY DAY - 3
Very Hard

				6		1		8
			9					2
1			2		3			6
8	7			2	4	6		
5		6	7		3	4		
	4	3		8		2	7	
4			7	9		8		
7		9		4				
								4

JULY DAY - 4
Very Hard

		4	1					9
	9	5	8					2
8	6			4		3	7	
		8		1		6	3	4
6								
1			5	8		2		
3				6		1	9	8
		6		8				
4						2		6

JULY DAY - 5
Very Hard

7	6	4					3	
		1	3		6			7
						6		5
	5	6		1		4		
	7	3		2	4			6
2					5	8		
	9	7			1			4
	5			6		7		
	2					3		9

33

JULY DAY - 6

Very Hard

		6					9	1
		5		9		2		3
	7	1		6			8	5
	9		7	2				6
			9		6	1		
		2			1		7	9
	8						5	4
2					3	9	1	
				4		3		

JULY DAY - 7

Very Hard

6			8				7	
9		4				5	6	2
	2				6			
		8	1	5	2			
	7		6					
			9				4	
	5				3	9	2	
		7		1	5		3	6
8	4			6		7	1	5

JULY DAY - 8

Very Hard

1	2	4		8				
	6						2	3
3					5			
	9				3			
		3	6			7	5	1
2		6			8	3		
	3	8		2		1		
		5					3	8
	7	2			1	5	6	

JULY DAY - 9

Very Hard

2			8	4				
		4				7		
3	5		7			4	9	
1			2			6	4	3
7			9			8	1	5
5						7		
	2		1	5	8		3	
	8				4		2	
							1	8

JULY DAY - 10

Very Hard

8	6		4					3
			7	8				
	7	2				4		
			9	4		8	1	
				6	8	9		4
4	9		5				3	2
				3	9	5	8	7
3	8	7	2					
	1			7	4			

JULY DAY - 11

Very Hard

6	5	3		2	7		1	8
7	9				1			
			5			9	7	
	6				2		5	
8								
4						3	9	
9	3			8			2	
1	2		4		3			
5	8	7				1		

JULY DAY - 12

					9			
	4	8	3	2				9
	7		4		5			
7		4			3		9	
					8			2
9	8			4	7	3	5	6
	3		9	6	2	5	8	
		6						3
						6	4	

JULY DAY - 13

9	1		4			7	8	2
8	6		5	7	2	1		9
4			8	9				
			2					4
2			4	7	8			
			3		5			
1		7	2				9	8
			1	9				
			7	5			3	1

JULY DAY - 14

2			9	8			6	7
	4	8	6	2		3		9
			1		3			
9	1			8				5
		5	4			2	9	8
	2	4						
6								2
	9	2		1		5		
		7	8			6		

JULY DAY - 15

1		2			8	4	7	6
		4			6	3		
3	6		2				8	
				9	5		3	
				3			1	
9	3	8				6		
6			5			7	2	4
4								
	8	5			2		6	

JULY DAY - 16

9		6		7		3		
				2				9
3			8	9				1
2				3	6	9	7	
		3					4	
				9	2			
6		5						
				2		4		
		8						5

JULY DAY - 17

				3			2	
	8		9			4		
6			1	5		8		
4	9					7	3	
						5		4
	3	2						8
			1			4		6
	6	9				1		
	1					3		

JULY DAY - 18

			4	5			8	
4	8				9	3		
9		7	3		1			
3								4
8	9							
5			8		7			2
							3	5
2				7			6	
			1		6			

JULY DAY - 19

	4	3		7	5			
	5		1		9	3		6
8				2		1		
			3			2		5
			8				3	
	7		2			6		
9								1
	2							
			5				9	4

JULY DAY - 20

	3	7			5			4
	5							8
	8		3		1			7
	1		3					
		6	8			4	7	
			6	7				
8						9	2	3
5			1					
	9						1	

JULY DAY - 21

	3							
	2		7					8
8	6	3				4	1	
				5				3
	7	2				8		
	4					5	9	
			6			2		
			8	3				9
4			1			7	5	

JULY DAY - 22

1		7	2					
9		8			6			1
			1	3				
							3	4
8					7			5
5						6		
7		5						
3		1		6	8			9
			9	4		1		

JULY DAY - 23

				9			4	
7				1				3
		9				1	7	2
	3	7	1		2		9	
	2							
8				6		2		
			4	5			8	
			9	8		3		
6			7					

JULY DAY - 24

Insane

				7		8	9	
6	9		5			1		3
					1	5		
		4		5	9			1
			3			2		
			2					4
	7							
9	5							
1	8		4	7		6		

JULY DAY - 25

Insane

	9							
1						7	3	9
4			5					
6							7	
						9		1
2	8		1					
	5					8		
9	1		2		7		4	6
			9		8	2		3

JULY DAY - 26

Insane

					3			
				4		2	3	
5			6		1			
	1				2			
4			1	7		5		
2		6	3					
					9	1		
			8	3			2	6
8			5			7	9	

JULY DAY - 27

Insane

		9			5	8	3	
1			6		9			2
	2				6		1	8
9			3		4	2		
3			2				6	
	4					7	5	
		3	8					1
						9		

JULY DAY - 28

Insane

			6	1		2		
						3		1
	1	2	3	8				5
1						8	7	
7	9		8					4
			9	2				
4		6	2					
9		8		3				
						5		

JULY DAY - 29

Insane

8						9		
	3					5		
			4		5			
			3	4				8
	7					6		3
	2			7	8		4	
	3	7				8		1
		5	9		3			
		1			2			

37

JULY DAY - 30

Insane

		8		2		4		
					5		1	9
		5	1			6		
		3			6		4	
	4		3	1				8
			2			4	9	1
		6		9			2	
		6						
					2		5	

JULY DAY - 31

Insane

	5				7	3	8	
4			8		6			
6		3					2	7
2	7						9	
						6	1	
8		4						
		1				5		
	9			4	8			
		1	9				6	

AUGUST DAY - 1

Very Hard

	3		2				8	
	2			1	5	6		3
5			3	7	8	2		1
	7	2				9		
9			7	2	3	1		
	4				1			
					6			
2			9			4		6
	6				2		1	7

AUGUST DAY - 2

Very Hard

8	6	4	2		9		5	
	7		3			6		4
5				8			2	9
		8	4					
1	9	7		3	2	4	6	5
6	4			5				
					8	5		
				9				2
	2					8		3

AUGUST DAY - 3

Very Hard

		3		5				6
	6	3			9			
	4	2	7		1			
	2							7
		1				2		4
	7	4		8		1	3	
6		7		4		5		3
2		5	6		9	7		8
		1						

AUGUST DAY - 4

Very Hard

9	5					7	6	
		4	5		7			2
6		7	8			3	4	
	9		6			1		7
	6	8	3		1	5	9	
		9		2				3
						2	7	
	3	6	2			8		
		9		5			3	

AUGUST DAY - 5

Very Hard

2	3	6		5			4	9
		9	3					
1	7				8	3		5
				7				
9	5		8	4	3	2	6	7
		7	9		1		5	
	9					6	7	3
							9	
		2						

AUGUST DAY - 6

Very Hard

7	8		3	9			5	6
2	3		8	6		7		
			7				3	
6		4		3	8			
		5			9			7
		7				9	4	
	5		6	1				2
	3	9						
	2		5	8		3		

AUGUST DAY - 7

Very Hard

	5		2	6				8
				3	7			
3	2		4		7			
5		9	7	6	2		8	
				8			9	
	3		5		1			6
	1			7	5			4
				4				3
		4	2	3		6		

AUGUST DAY - 8

Very Hard

	4			7	1	9	2	
		7	4	2			8	
						4		
8		9	7					5
7	3			5	4		6	9
4			6			2	7	
	5							4
2	7		5		9			1
		3	1					

AUGUST DAY - 9

Very Hard

		7		9				
9		5	7			8	2	
	4			5	1			7
7		1		2				6
3	8		1		2			
							1	
		6	4		3		8	
1			5		8	9		
	2			1	3			5

AUGUST DAY - 10

Very Hard

8			9	3			2	
				8			6	
9		5		4		7		1
				1			5	9
	4	1		5		6		
		9		7	2			8
6				9	4			
	1			6		4		
			3		5	8		6

AUGUST DAY - 11

Very Hard

		9	2		6			5
1	5	2	4		8	6		
8								
	4			1	7			6
	6		5		9	3		4
3					2		5	1
5			7		4			
	2	4						
6			1					2

AUGUST DAY - 12

Very Hard

	4	5	1	2				
1		2	5	3	7	4		
3	7				4			
			4	9		3	7	
9		8		7		1		6
	5	7			1	8		
5		3					1	4
	1							
			6	1	8	9	5	

AUGUST DAY - 13

Very Hard

2	3	9		6	1	5		8
			7					9
8		7		9		4	1	
3				2				7
		8		1		3		
		4			8			
9				3				
7			8			6	5	4
5				7		8		3

AUGUST DAY - 14

Very Hard

7		3	5			2		
			4	1				
5			7					1
			7	6		3		
	3		2	5		9	8	6
6	9		3					7
9	4				7	8		
			4				6	
8			1		5			4

AUGUST DAY - 15

Very Hard

		1					7	
			1	5				
3				7				1
	5	7	8	3			2	
8			7			5		9
1			3		6			8
		8	4	1			6	5
		6	5	9				
4			6			7	2	

AUGUST DAY - 16

Insane

8		5			6		4	
6	4	9	7					1
	3					7		
		2		5			7	9
				9	6			
	8	3		7				
		7	8			5	6	
						1	9	

AUGUST DAY - 17

Insane

	8	6		4				
		3	8					5
9	5							
2			1	9				3
	4	1		2	8			
7							8	
					1		9	
		2		8	9			
6			4					1

AUGUST DAY - 18

Insane

			2		6	1	7	
							6	
	8	6	3			2		9
7		3						
		4			5			8
1			9		7			
						6	3	
		9	4		2			
			5				4	2

AUGUST DAY - 19

Insane

2	5		7		8			
9				5				
		4	6					1
		5						
						1	7	
3	9		5			8		
			3					6
				2		4		
	1		9	6	8	2	3	

AUGUST DAY - 20

Insane

8			6					
	3		5					
		7				4		
								9
		7	9	6				2
5		3		2		7		
7		4			5			
	2			7	8	6		
	8				1			3

AUGUST DAY - 21

Insane

				5		4		
4							5	2
	2							
1			7		9	2		
		7	1	6				
5			2	8		7		
	3	6		2				9
						3	6	
			4	9				

AUGUST DAY - 22

Insane

	3					4		6
5				6	2	7		9
			3					
		1						2
	4		1					
6	7			2	9			3
			4	1		2		5
						1	7	
				7			9	

41

AUGUST DAY - 23

			2	5		4		
			7			8		
	3			9		1		7
	1							
8							7	4
						6		8
9	2							
	6	7			1	3		
1	8				6		4	5

AUGUST DAY - 24

	9	8				2		
	1	3				8	6	
						3		7
	6	4	1					9
								4
8			3		7		2	
	8				3		1	
9	6	1						
4				6				

AUGUST DAY - 25

	6		5			8	4	
	2			3				
	8	5						
5						4	6	
		3	9	6				
					4	1		7
	3			1			7	2
		2		7				8
					5		1	

AUGUST DAY - 26

	8				9		5	
1		3					4	
			6					
		9	3					
4			7	9			6	
2	3		1	6				8
			4	5		7	1	
			8			5		
8				1				

AUGUST DAY - 27

4								9
			1		6		3	
2	3				5			
		4			7			
3				2		5		
	1	6				2		
6				9		4		
		2	5	7	8	6		
	5							7

AUGUST DAY - 28

		6	3					
2					5			9
		8		4		1	5	
1							9	
7			9		8		4	
			7		3			
8			5				3	
4		7					1	
		5			9		2	

AUGUST DAY - 29

Insane

		4	6					
8						2		
	9	5				8		6
	3		9			2		
7	2		1	6		9		
				5	1		4	
2		5	8		3	7		
9								
				7				

AUGUST DAY - 30

Insane

	9				4			
	4					8	7	
			7			3		
4				2			8	5
6		7		8			2	1
				5		6		
9	2					5		
			1			9	6	
			8			3		

AUGUST DAY - 31

Insane

							1	
	1		3	4				2
2						3		6
	3			2		6		
	9		4					
8	7	5				3		
	2			5	9	8		
9				1				4
		2		6				

SEPTEMBER DAY - 1

Very Hard

	1		9			5	7	
9		7		2	5	8		
4	3					1	2	
8		2	4	7	3	1		
		9				5	2	
		6						
	9				1	2		
		1		3				6
6		4		8		7		1

SEPTEMBER DAY - 2

Very Hard

7					3			
	6	1	9					
		8					9	5
	8	4		6		7	5	
6		5	4	2		1		
1			8			4	6	2
		3				9	2	
		6			4		3	7
					2			4

SEPTEMBER DAY - 3

Very Hard

8	2		3			4		6
			2	6			3	
		1	8	9		5		
1		6		4	9			
		3				6	4	
2		5			6	1		7
6								1
		7				2	5	4
	3		4		8	7	6	9

43

SEPTEMBER DAY - 4
Very Hard

6			2	9			3	
	1					8		9
9	3		8					6
3	6		9		8			2
	7				2		8	
4				7			5	
1		7			5			
8			3				1	
2			7		1	4		

SEPTEMBER DAY - 5
Very Hard

				9		4	1	3
		6	1	3	2	8		
1		5	8	4	7			
	9			8	3		2	
8		4	9		1			
		3	7	2	6			
				7				
		8		6	9		5	
							3	6

SEPTEMBER DAY - 6
Very Hard

5	1		8			7		3
2		7				9		6
	9	8	3		2		5	
3		6		9	8			
	2			5	6	8		4
		1				6	9	
8				3		1		
							4	9
		3			1			8

SEPTEMBER DAY - 7
Very Hard

		6			4		3	
	4			5	1	2		8
9			8				7	
2		4				8		
	3			7			1	9
	1	2						4
				2			9	
	3		5	7		6		
	2		6	3	9			1

SEPTEMBER DAY - 8
Very Hard

	3	8	5		2			
2						8	1	
		4	1	8			7	
		9			1	7		
			6				2	
						3	8	5
	5			3		1	9	4
8	9		4		6	2		7
		2		9				8

SEPTEMBER DAY - 9
Very Hard

	2		8		9	4	6	7
3	6			4			2	1
9			2	6				
6		7						
	5		6					
4	3			5				
		3	9	1	5	7		
8							4	9
7							3	2

44

SEPTEMBER DAY - 10

Very Hard

5	8				3		6	
				1			2	
7				6		9		
2		7	8		9	4		1
			2			6	8	
		3			6	7	9	
4				2				
		1		4			7	5
	9	5			7	2		

SEPTEMBER DAY - 11

Very Hard

	9			8	3			
2					5		9	1
5		6					3	2
6	2						4	7
3	5		6		7		2	8
	4			2			5	9
				6				4
	2	7				9		
	3						7	6

SEPTEMBER DAY - 12

Very Hard

	7		8			4		
4		5				2		3
		9		5	3		1	
1				4	9		7	
	3			8	7	5		9
		8		2		1		
5						8		
2							4	7
		3	7		4			2

SEPTEMBER DAY - 13

Very Hard

8						4		
3	5		2	9		1		
	6							
7	8			2	9	6		
2		5	6				8	
9	4	6		1		3		
	2		9			7		4
	9			6			1	2
			7			3		

SEPTEMBER DAY - 14

Very Hard

5						9		
3		8			6		2	5
		1	5					8
		2				8		
	6	9			3	5		
		5		7	9		3	1
				6	8	4	5	
6	9	4		5				
		7				3	9	

SEPTEMBER DAY - 15

Very Hard

	1		9	3				
	5				6	4		2
		3		2	5			
	8		6				2	7
3			5		8		6	
		9		7				
	2	1			3		8	6
	6					7		3
		5	8		7		1	

45

SEPTEMBER DAY - 16

Insane

9	8	6		7				
		7					9	
2						1	5	
			4		1	9		
	9			2				3
				5	9			
	7			1			4	
4			3			8		
1	6						3	

SEPTEMBER DAY - 17

Insane

	7					9	2	
	2		7	1				
	6							
	9					4	3	
	6		7	4	3		9	
	2		6				8	
8	3			7		6	1	
	9	3		8				

SEPTEMBER DAY - 18

Insane

	7	4						6
	2		8	3		7	4	
		4				9	2	
9		6				8	3	
7				6				
1								
	9		8			1		
				4		6		
		7	2			3		

SEPTEMBER DAY - 19

Insane

		9		2			1	
	5						9	8
				1				3
		7		3		6		1
9								
	4				1		8	
	1	6	4					5
	4			9				
5			1	7	3			

SEPTEMBER DAY - 20

Insane

	8				5	6		7
		4		2				3
		5		3		2		
8			6		7			
						3		
			2	4	1			6
		3			2	9		1
							6	
		6		9		7		

SEPTEMBER DAY - 21

Insane

		8			7			
		3	4					2
7					6			1
	1		2	8				4
					1			7
9				3			2	8
6			8		5			
	9		6			5		
4			1					

SEPTEMBER DAY - 22

Insane

2	6					4		7
		4		7	1			
			4			8		
4		6					7	1
9			1		8			
		1		6		3	9	
		3	5					
				4		2		
	5		8					

SEPTEMBER DAY - 23

Insane

		7					5	4
		1						2
	4				5		6	
		6		8	3			
	5		3			6		
1				5		2	7	
		2		8		5		
			1					3
4				2				8

SEPTEMBER DAY - 24

Insane

		7	8	5	9			
				3				
			7			5		
2	9							8
		5				9	4	
7		4		1		2	5	
	1		4			6		
6	2			8			1	
				5				

SEPTEMBER DAY - 25

Insane

		5						
3				4				
8			2				5	
				6		5	9	
		3		1				8
	6	1						
2		6	5				3	
4	5		1	3		6		
			9				8	5

SEPTEMBER DAY - 26

Insane

	8							
9		1	3		2	8		
6			9			3		
	3	4					8	
		5	2					6
7						9		
	6				9			2
		9		7	6		4	
5					4			

SEPTEMBER DAY - 27

Insane

	3	2		6				
5			7	9				6
			2	3		1		
2				7	8		4	
		8						
1		3					9	
	7					2		8
	2	5	3	4			1	

SEPTEMBER DAY - 28

Insane

	4			2			1	7
8				3			6	
6		1				9		
								1
		6		7			2	
			6					3
3				9				
4	6				2			
2		5	4		7		8	

SEPTEMBER DAY - 29

Insane

2	4							5
					1			
8		1	6	5				
	8		7					
6			5		9		4	
							3	7
5	2		9		8			6
			1			8	7	2
			3					

SEPTEMBER DAY - 30

Insane

	5	8			4	1	7	
9			8		3			5
	9			6				8
	2						5	
4	1	5		3			9	
5					6	4		7
			4	2				
				1				

OCTOBER DAY - 1

Very Hard

			5	1		6		
				4			8	
7			3	6				1
9	7					4	5	
5		8		2				6
	6	2	1	5		9		
1	5	6	8				4	7
8	2				5	1		
	4					2		

OCTOBER DAY - 2

Very Hard

	2		7	3		4	9	
		1						
						2	7	6
			8	4	2			
						7		8
	4		6		7			2
7		5		1				4
9	3	8	2		4		6	7
1	2					3		5

OCTOBER DAY - 3

Very Hard

		7						9
		9		3		1	2	6
2	6		8	4				
		6				7	4	
1			5	3		8	6	2
			4				1	
9		2		1	6	3		8
7		8						
						2	9	

OCTOBER DAY - 4

							3	
9	2				7			
5		3	1		4			
7	8		9			5		
6		2	8			3		1
		5	7		1		2	
		9	5				1	
	3			9	2			8
		7		1	2		9	

OCTOBER DAY - 5

	4	6	5	1			9	
	8	9	3	6	2	7		4
7	1				4			
			7	1		6	2	
								3
						9	8	
8	5	1	6		9			
	7	4	1			3		9
	2			4	5		6	8

OCTOBER DAY - 6

	4		1			7	9	
5	8	3		6		1		
		1	4				3	8
6	9	5				8		
3			9	4	6	1		
		7				9		
	6		3			8	5	9
	4							1
7				8				4

OCTOBER DAY - 7

	7		6			1		
4	8			3			7	
5			7			6	8	9
		5		2	7	8	4	6
		7	8			1		3
			4	5				2
1	5							
		4	5					
	2				6			4

OCTOBER DAY - 8

8				1				
4			7			8	3	9
						6	8	2
1	4	7						
5	6		1					
3		8		4		5		6
7		5	6	3	4			9
						7		
6		3	8				5	

OCTOBER DAY - 9

		5				2	6	7
7						9		
	4	9			2		3	
5		7			9	3	4	6
					1	7		
3					5	1		
		3	1	6		7		
			2	8		5	1	
1	9	8			7	6		

OCTOBER DAY - 10

			3	4		6		7
	7	5	2		9	8		4
	2			7				
		8					7	3
9				2				8
1	5	7	6					
	4				2	7	9	6
		2		6				5
		6			7			2

OCTOBER DAY - 11

			5			4	9	
	2			3	4			
2		8	3			9	1	
3	4		2	5	1			7
5				8				
		2			3	7		
4	5			1			3	9
8	7		9		5	6		

OCTOBER DAY - 12

			5		2			
			8		9	7		3
	9					5		2
	1		3		4	7		
								5
9	5	7	2				3	4
4	3	1				6	2	
		9	6		3	8	4	
		2		9				

OCTOBER DAY - 13

						8		
1	4		7	8		2		
	6		2		9	4	1	
		5	3					
	8		4			1	3	
9	3		8					
			8	1	6			9
	9	5				4		
	8		3			1	7	2

OCTOBER DAY - 14

8		3			2			
2		4						
1			3		8	7		
							4	7
	2			8		6	9	
3	4	9	2		6			1
9	8				4		6	
		1	9					2
4		2	8	6				

OCTOBER DAY - 15

		7		9				
		8	2		5		4	7
	5		3					2
6	9						7	8
				7	5			4
	4					1		
5	4		7			2	8	
3	7	2		8			6	9
8		6	9		4	7		

OCTOBER DAY - 16

Insane

					8	5		
1	6				5		9	
		6						
						6		2
	4			8				
	5	2					8	
				1		9		
9	2	4		3		7		1
		8		9		2	3	

OCTOBER DAY - 17

Insane

				1	4			9
					7			
7		5		9		2		
	6			8		7		3
5						4		2
		4		3				
8	7				9			
2					3		5	
		9	2			3		

OCTOBER DAY - 18

Insane

		7				4		5
							6	
			3	2			8	
	9	6			3			
7						3		
3			1			5		
	4			5	9		1	
	6				1	9	3	
			6	3				4

OCTOBER DAY - 19

Insane

			4				8	
2	7	9				6	3	
		6					1	
5			1	9				
4							2	9
		8						
1	6		3					5
7	2				5		9	
	8				1			

OCTOBER DAY - 20

Insane

		8				4	1	
	8			3		2		
4						6	3	
			9	4		5	3	
6								
	7	5	3			1		
		6		2	3			
1	4				6			
		8						4

OCTOBER DAY - 21

Insane

	6			3		5		
7		9	1					
			5	9				
	1			6		8		
				3		9		
		4				6		3
	8			1			2	
1	7					4	6	
	4	2				7		

51

OCTOBER DAY - 22

8			3				4	
					2			3
		2		4			6	8
	2	5		9	1			
		4	7				2	
			6			9		
			1	8				
4		3				9	1	
				3				2

OCTOBER DAY - 23

7		5		2		4	6	
		2	6			8		9
						5		
9						2	1	
			1		2			8
	5		2		8		4	
4		9				6		
	8				1		7	

OCTOBER DAY - 24

3			5			2		
	8		6		2			
		6				8		
		7				9		5
4	6		9		3			
			8			2		
	9			4	1			
7		2		8				
5						3	1	

OCTOBER DAY - 25

			9	8		2	1	
9				3				6
2			1			7		
8				4				
6								3
				6	2			
	7		5			6	4	
	2		3					7
				1	8			2

OCTOBER DAY - 26

			4			5		
	3					9		1
4						7		
5	1	3		9	8			
			5				2	
6	2	9		4				
		5	1			2		
			2	3		4		
		1		6				

OCTOBER DAY - 27

			3	7		8		
8	5					6		
		9	2				4	5
		6		2	4		1	
4		8			3			
5					1			
			8				7	
				5	6			
9							6	4

OCTOBER DAY - 28
Insane

```
1 5 . | . . . | . . 2
. . . | . 7 . | . . .
. . 9 | 5 . . | . . .
------+-------+------
9 . . | . . . | 5 . .
. . . | . . . | 3 . 4
. 6 5 | . 4 . | 7 2 1
------+-------+------
3 2 . | . . 9 | . . 5
4 . 7 | . . . | . 6 3
. . . | 6 . . | . 1 .
```

OCTOBER DAY - 29
Insane

```
3 . . | . . . | . 2 7
6 . 5 | . 3 . | . . 4
8 . . | 9 . . | . . .
------+-------+------
9 3 . | . . 5 | . 8 .
. . . | . 2 . | . . .
. 8 . | 7 . . | . . 3
------+-------+------
. . 3 | 6 7 . | 5 . .
. . 9 | 3 . . | . . 2
. 2 . | . 1 . | . . .
```

OCTOBER DAY - 30
Insane

```
. 6 . | . . . | 7 . .
. 4 . | 2 . 9 | . . 8
. . 8 | . . 3 | . . .
------+-------+------
. 5 9 | 3 7 . | . . 4
. 2 7 | . . 6 | 3 9 .
. . . | 1 . . | . . .
------+-------+------
. . . | . . . | 6 . .
. . . | . . . | 7 1 .
6 . . | 2 . . | 5 9 .
```

OCTOBER DAY - 31
Insane

```
. 3 . | . . . | . . 5
. . 1 | . 5 2 | . . .
5 . . | 8 . 2 | 4 . .
------+-------+------
4 . 5 | . . . | . 3 .
. . . | 2 . . | . . 1
. 1 3 | . 9 . | . 5 7
------+-------+------
. . . | 9 3 . | . . .
. . 8 | . . . | . 7 6
. 6 4 | . . . | . . .
```

NOVEMBER DAY - 1
Very Hard

```
. . . | 5 . . | 8 . 9
. 8 . | 1 . . | . . .
7 6 . | 9 . . | 1 . .
------+-------+------
. . . | 2 . 9 | . 8 6
9 1 . | 4 6 3 | . . .
. 2 6 | . 5 . | 4 . 1
------+-------+------
. . 3 | 6 4 . | 9 . .
. 9 . | . 7 . | . . 4
. 7 4 | 3 9 . | . 6 8
```

NOVEMBER DAY - 2
Very Hard

```
. . . | 5 . 1 | . 9 8
9 7 . | 8 . . | . . 2
1 . . | . 2 . | 5 . .
------+-------+------
3 . 2 | . . . | . . .
5 . 7 | . . 8 | 6 . 1
4 . . | 2 1 9 | . 5 .
------+-------+------
7 . . | 3 . 2 | 9 6 4
8 . 9 | . 4 . | . . 7
. . 6 | . . . | 3 . .
```

NOVEMBER DAY - 3
Very Hard

9						4	5	
	8	5	6	4				
	3	1	9				7	
8					9		4	
5			7	8			6	
	1	9		5				
	4				2	5	9	
			5	6			8	1
		7			8		3	

NOVEMBER DAY - 4
Very Hard

		8	3	2		7		
4	7	1	5	9	8			
		3	1		4		9	5
6		4	8	5		9		1
	9		4				6	
8	1				9			
		7		1			5	6
5			2		3			
		6	9			2		

NOVEMBER DAY - 5
Very Hard

1								8
	4	7	9		8	2		1
	3		2	7				4
2		4	8					5
	1				5	4		
5						7		
4		8		2				6
	6				9			3
3	5		1				4	

NOVEMBER DAY - 6
Very Hard

		2	5				3	
	8	5	6		3	9		
3		7	4	1				8
5						8		1
		1		3	6			
8								
9	2				1		5	3
4				5			7	
		6	3		9			4

NOVEMBER DAY - 7
Very Hard

			5		6			
	7			3	9	6		
	1		8					
2		1	4	9	7		6	
7			3			9	8	
	6					1	7	
	2		9		8	4		
6		3				2		8
8		5		2		7		9

NOVEMBER DAY - 8
Very Hard

			8	4	1	2		
				9			4	3
	2			6			5	
	6	1						2
	4			8				5
			2		7	6	1	
9	5	2	1					
4		7	9	8	2		3	
8				5				1

54

NOVEMBER DAY - 9

Very Hard

	2	9		5	1			4
7					4			
			7	8				9
	9	6		8			5	
4				5				
	3	1			2		6	8
		2		3		1		
	4		5	2				3
9			4		6		7	

NOVEMBER DAY - 10

Very Hard

2			4	8		6		5
	6		5	4				7
	8			6				
1							5	4
4			7					2
	3				2			
8							1	
	4	3		7	5		8	9
7	9		3		8			6

NOVEMBER DAY - 11

Very Hard

			8	1	9		3	
	8							
			6		7			1
				4	2			
4	7	3			1			6
	9		3	6	8			4
7	1		9	8	5	6		
	6				4	5		
		9		7				8

NOVEMBER DAY - 12

Very Hard

1			5	2	9	7		
	2	7	6			3	9	5
		9	5			1		
			9	2			6	8
7	9	6	1				2	3
		4	3		6		9	
6					1			9
	8					6	1	
	3					2		

NOVEMBER DAY - 13

Very Hard

5	6		8				4	2
		9			4			
		4		3	5		1	
	9		2			5		
			4	6		8		
6			5	9	1			
			9		6		7	3
	7		1		8	2		
			3	7				9

NOVEMBER DAY - 14

Very Hard

	6		9			1		7
		5				8		
7	2	1						9
	8		3	4	6	2		
2				1	7			
	7	4	2					1
	4					2	5	
			4			8	7	9
			5		9			2

55

NOVEMBER DAY - 15

Very Hard

```
. 7 . | 8 . . | . . 5
. . . | . 5 4 | . . 2
. . 6 | . . . | . 9 1
------+-------+------
. . 5 | . . . | . 7 .
2 8 . | . . 7 | . 1 .
. . . | 9 . . | . 2 .
------+-------+------
. 1 8 | . 7 2 | . 5 3
6 . . | 4 1 9 | . 8 .
9 . 7 | . 8 . | 1 . 6
```

NOVEMBER DAY - 16

Insane

```
. 4 . | 9 . . | 3 5 2
. 1 . | . . 5 | . . 8
. . . | . 7 . | . . .
------+-------+------
. 8 . | . 2 . | . . 3
. 3 . | . . 4 | . . .
. 6 7 | . . 9 | 8 . .
------+-------+------
. . . | 5 4 . | . . 7
. . 3 | 2 . 6 | . . .
. . 9 | . . . | 6 . .
```

NOVEMBER DAY - 17

Insane

```
. . . | . . . | . 3 5
6 . . | . . . | 8 . 1
2 1 3 | . 9 . | . . .
------+-------+------
7 . 8 | . . . | 6 . 4
. 5 4 | . 7 6 | 9 . .
. 3 . | 5 . . | . . .
------+-------+------
. . . | 9 . . | . . 7
5 4 . | . 3 . | . 6 .
. . . | . . . | . . .
```

NOVEMBER DAY - 18

Insane

```
9 . . | 7 . 5 | . . .
. . . | . . . | . 7 .
7 . 6 | . 4 1 | . 3 .
------+-------+------
. . . | 9 . 8 | 1 . .
. 8 7 | . . . | . . 4
. 9 . | . 6 4 | . . 5
------+-------+------
. . . | 6 . . | . . 8
. . . | 8 5 3 | . . .
. . . | . . . | 9 1 .
```

NOVEMBER DAY - 19

Insane

```
. . . | . . . | 1 . .
. . 2 | . 7 . | 6 9 .
7 . . | . . 2 | . . .
------+-------+------
. 8 7 | 1 5 . | . 6 9
4 . . | . . . | 8 . .
. 5 1 | 9 . . | . 2 .
------+-------+------
8 . . | . . . | . . .
3 4 . | . . . | 9 . .
. . . | 7 3 . | . . 6
```

NOVEMBER DAY - 20

Insane

```
9 1 . | . 7 . | . . .
3 . . | . 2 . | 8 . 9
. . 2 | . . . | 1 . 6
------+-------+------
. . . | 6 5 2 | . . .
. . . | . . . | 6 . 2
. 7 . | . 8 . | . . .
------+-------+------
. 5 3 | . . . | . 6 .
. . . | . 3 . | . . 8
. . . | 7 9 . | 4 2 .
```

56

NOVEMBER DAY - 21

Insane

	4	8		1				
						3	1	
	7	3				8	6	
	4			9		8		
6		9		4				
8			3			4		
	7	6	4					
	2			8	5			
			5					2

NOVEMBER DAY - 22

Insane

	4					1		
	5		2					6
		8		5	1			
						2	7	
1	3		6					
5								8
	7		4		9	8		1
	1			2				5
9		6				7		

NOVEMBER DAY - 23

Insane

	3	1		4		8		
2		6						3
						6		
	2	8		9		1		
								5
			5		7		8	
	6	3		8	1			2
4					5			
	8				9			4

NOVEMBER DAY - 24

Insane

		2			7	4		
	6			9			3	5
				4	3			
1			2				5	4
		9						
3	8						2	
			7			6	4	8
		4	5					2
	1							7

NOVEMBER DAY - 25

Insane

	1					7	6	
	4	8				5		
							9	3
4	2	6	9					7
	3					2		
			7			8	6	
7			5			8	4	
	6	4		2				
							6	

NOVEMBER DAY - 26

Insane

				9		3		
4			8			6		
5	7		3	2		4		
			6					2
8	2					1	5	
			4	2				
1			7			5	2	
	4		6					
	5							8

57

NOVEMBER DAY - 27

Insane

5			2					
			9		1	2	6	
	3				5	4		8
			7	4			1	
	4	6	8				3	
8								
			3					7
4	1	7		8			5	3

NOVEMBER DAY - 28

Insane

1		7						
3			5	6	9			
5								3
	3		4					8
7		8	1		2		9	5
	1		5			7		
			7			5		
	4	5						
			8					2

NOVEMBER DAY - 29

Insane

9		7		8		5		
5			1					
6	2	4				1		9
		5						2
			4	8	3			
			2			9		
1					5			3
			3					4
8							9	5

NOVEMBER DAY - 30

Insane

	3		8	7			1	
6			9			3		
			4		1			8
5		7	1					
			6	5		9		3
4								
	5			6	7			
			3				2	
2	7			8				

DECEMBER DAY - 1

Very Hard

	6		8	9	5	3		2
	3	8			2			
9			4	3				
4			9		3		7	
1	2					4	8	
6			1			4	9	
3								9
	9	6		4		1		7
			7		9			6

DECEMBER DAY - 2

Very Hard

			2		7			
	1	5	8				9	3
	8				9	2	4	6
					4	9	3	7
3			7			8	1	
9				2			5	8
			9			3	1	4
						2		
	3	7	1		5			

DECEMBER DAY - 3

		3	8					2
2		7		5	1	9		
		6	2	7		4	3	
1			4		7	2		3
8						7		
				6		8	1	
4				2				7
7	9		5			6		4
			7	9				

DECEMBER DAY - 4

	7	5		6	2			1
6			8					
	4						8	6
		6						
2		3		5	7		9	
		7	2	4			5	
		8	9	7	4	5		
7		4		2				9
	2				8		6	

DECEMBER DAY - 5

	5		1				6	9
6			2	4	9		5	
3		9			7	8	4	2
	2		6			9	8	
	6			9		3		
		8	3		1			
	9						1	
8	7			1	6		3	
		6			5		9	7

DECEMBER DAY - 6

						9		5
4	5	9		1				
7	2		9					3
6		7	1		9		5	8
2					5	4		
	3			7			9	
3		2			1		8	
1						5		
			6	3	2		7	

DECEMBER DAY - 7

	9	4	7				2	3
				4			5	8
2		5				9	1	
6			2		1			
1				9			3	7
	2	3	4			1		5
5	6				7	8		
7			9	6		3		
				8				

DECEMBER DAY - 8

3			7		9		6	
				4				
2	8		1		5			7
	7	1		9				
	3	2				8		9
6			8		3			4
	4		2	3		5		1
	1				8		4	
7			3	4	5			

DECEMBER DAY - 9

5		2		6	1		9	
	8	7	3	9		1	2	6
	9			8		4		
					3			4
1							8	
	4	9	8			6	3	
3	1	4		7				2
7		8		2				
		6			4	7		

DECEMBER DAY - 10

1	5	9		2	6			3
		7			1			2
			9	4			7	
	8					7		
4	7				5		1	6
						5	3	8
	2				3			1
	1	4	6	7				
9		3		1				

DECEMBER DAY - 11

7			3			1		
		6		1		4		
1	2		5			8	6	
9	7		8	3		6	2	5
		2	4		5		3	8
8							1	
2			9	6			7	
	9	7					4	
	6					3		

DECEMBER DAY - 12

2	6		5				7	4
4	1	7	6	9	2		5	8
	5					6	2	
	8	4	3		1			
				4				
1			8			9		
6					5		8	2
		2	7				3	1
5	9	1	2		3			

DECEMBER DAY - 13

4							2	8
3	2	8		4		1		
			2	3		9		
			8	7			5	
7		4	1				6	
			6		4	7		3
			3		9	5		1
5		3				2		
	9	1	7				3	

DECEMBER DAY - 14

			4					9
	2		6	7	5			
1	4	5	3					
	6		9	3	4	1	7	
			8					6
4			2	6		3		
9		2					8	
		4						5
8	5			3	2	1		

DECEMBER DAY - 15

5	8			2		4		
	7	1		9		2		
3	2		1	4	8			
2	4		7					
				4	7			
		3		5	2			4
	1		8			3	2	
		4		9	6	1		
	5			3				

DECEMBER DAY - 16

8		9						3
			2			1	9	
				4		6		
	2				5			4
		8				9	6	
	6	3						
	7	1		9			8	
		4		7		2		9
				5		3		

DECEMBER DAY - 17

7	1			2				
			6	3				1
3	6	4						
		8	2					
8		6			7			
			1			5		
			3		5			
1	8							2
2			4		5			6

DECEMBER DAY - 18

			5	9	8			
								2
3				7		5	6	
	7			8			5	
2	8		9					3
6	1					9		
			2					
1	3		8					6
7	2					3		

DECEMBER DAY - 19

9		1		5				
		8	3		7			
	2		4			8		
	8		5			9		
		3						6
6					2	4	1	
	3	6			4	7		
		2				3		
					8		9	

DECEMBER DAY - 20

2				3	9	4	5	
9				2				
					7	1		
						3		
	5	7		4		9		
1	4	6						7
7			9					
			6		4			
	2	1	8					

DECEMBER DAY - 21

Insane

8		7			3	2	1	
4	3		8		1	5	9	
		9			4			6
7						4	5	
2		5		6				
5			4					
				9		7		
			5			9		

DECEMBER DAY - 22

Insane

4		8	1				6	5
9			5	6		2		
	7		4					
	9			5			8	1
	5			8	9			
6							5	2
			4					3
	1							
7				6				

DECEMBER DAY - 23

Insane

			1			3		
	9		6	4		2	7	
		7		3	6			8
		2	1			5		
	3					7	2	
	1		3	4				
3	2	6						5
	7							
						9		

DECEMBER DAY - 24

Insane

				2				
3	2	1		8				
	8		3			1	7	
	7		1					3
	3	5		9				
			8			9		
				1				6
	4	9	6			7		
			8				2	1

DECEMBER DAY - 25

Insane

	7	8		6			2	
	9					7		
3					8			
1			2	5			7	
7				4	9			
	6			7		5		4
		4				8		
	2		1			3		
			3			2		

DECEMBER DAY - 26

Insane

4						9		7
	8	9						
1				5		4		
		2	5			3		
6	5		4	7				
				6	3	2	4	
						4	5	
	9						8	
5		7					3	

62

DECEMBER DAY - 27

Insane

1								
	8	7	4					
4		6		9			7	
2		9		7	6	4		
		5						
7			3				9	
				2	3	5	8	
9		1				2		
					9			1

DECEMBER DAY - 28

Insane

	2				8		4	7
		4		6	3		9	
				4		6		
6			9			2	3	
			4		5	9		
9			1			6	4	
		1					2	
7								6
	5							

DECEMBER DAY - 29

Insane

8						4	5	
		4				8		
3					8	2		1
		1		7		5	6	
		9						4
6							1	
		2	6					3
		6	5	8				
	9		2		4			

DECEMBER DAY - 30

Insane

7						4		
	8					6		
6			9	8		5		
	6	9				7		2
								4
4				2	1	9		
8				3		1		
		5			2		7	
	4			1	6			

DECEMBER DAY - 31

Insane

						2		
8			1		5			
		6			4			9
		7	8			9		2
3					2			
6			9	7			3	
		5	3			6	1	
1								
7		3				8		4

63

JANUARY DAY - 1 (Solution)
Very Hard
```
5 4 2 3 7 1 8 9 6
3 6 9 8 2 4 7 1 5
7 1 8 5 9 6 4 2 3
4 8 6 7 1 9 5 3 2
9 5 1 4 3 2 6 7 8
2 3 7 6 8 5 1 4 9
1 7 3 9 6 8 2 5 4
6 9 5 2 4 7 3 8 1
8 2 4 1 5 3 9 6 7
```

JANUARY DAY - 2 (Solution)
Very Hard
```
9 1 7 6 3 8 5 2 4
4 2 8 5 1 7 9 6 3
6 5 3 4 2 9 1 8 7
5 3 6 2 7 1 4 9 8
7 8 2 9 6 4 3 5 1
1 9 4 8 5 3 6 7 2
2 7 5 1 4 6 8 3 9
3 4 9 7 8 5 2 1 6
8 6 1 3 9 2 7 4 5
```

JANUARY DAY - 3 (Solution)
Very Hard
```
4 7 2 5 3 9 8 1 6
9 6 1 4 2 8 5 3 7
5 8 3 6 7 1 4 9 2
7 2 4 3 6 5 9 8 1
1 5 8 9 4 7 2 6 3
3 9 6 8 1 2 7 5 4
2 1 5 7 8 3 6 4 9
8 4 7 1 9 6 3 2 5
6 3 9 2 5 4 1 7 8
```

JANUARY DAY - 4 (Solution)
Very Hard
```
4 3 8 2 5 9 7 6 1
7 5 1 4 3 6 9 2 8
2 6 9 7 1 8 3 4 5
3 8 2 1 6 7 4 5 9
1 9 4 8 2 5 6 3 7
5 7 6 9 4 3 1 8 2
9 4 3 5 8 1 2 7 6
8 2 7 6 9 4 5 1 3
6 1 5 3 7 2 8 9 4
```

JANUARY DAY - 5 (Solution)
Very Hard
```
2 3 5 7 1 8 4 9 6
6 9 4 5 2 3 8 1 7
7 1 8 4 6 9 5 3 2
9 2 6 1 5 4 7 8 3
5 8 1 3 7 6 9 2 4
4 7 3 8 9 2 6 5 1
8 4 9 2 3 7 1 6 5
1 6 2 9 4 5 3 7 8
3 5 7 6 8 1 2 4 9
```

JANUARY DAY - 6 (Solution)
Very Hard
```
4 5 2 1 8 3 6 9 7
8 9 1 4 6 7 5 3 2
3 6 7 5 9 2 1 4 8
5 3 6 9 1 8 7 2 4
1 4 8 2 7 5 3 6 9
2 7 9 6 3 4 8 1 5
6 1 4 7 5 9 2 8 3
9 8 5 3 2 1 4 7 6
7 2 3 8 4 6 9 5 1
```

JANUARY DAY - 7 (Solution)
Very Hard
```
5 3 8 4 9 7 6 2 1
7 2 4 5 6 1 3 9 8
6 9 1 3 2 8 4 5 7
2 6 5 7 3 4 1 8 9
1 8 7 9 5 6 2 3 4
9 4 3 8 1 2 5 7 6
4 7 6 2 8 5 9 1 3
3 1 2 6 7 9 8 4 5
8 5 9 1 4 3 7 6 2
```

JANUARY DAY - 8 (Solution)
Very Hard
```
9 2 3 5 7 1 8 4 6
4 1 8 9 6 3 7 2 5
6 7 5 2 8 4 1 9 3
3 4 1 6 2 8 5 7 9
8 9 2 1 5 7 3 6 4
7 5 6 4 3 9 2 8 1
1 6 7 8 4 5 9 3 2
5 3 4 7 9 2 6 1 8
2 8 9 3 1 6 4 5 7
```

JANUARY DAY - 9 (Solution)
Very Hard
```
8 7 4 2 6 3 1 5 9
5 1 6 4 9 8 7 3 2
3 9 2 5 7 1 8 4 6
9 6 1 7 3 4 5 8 2
2 3 5 8 1 9 6 7 4
7 4 8 6 5 2 9 3 1
4 5 7 9 2 6 3 1 8
1 2 9 3 8 7 4 6 5
6 8 3 1 4 5 2 9 7
```

JANUARY DAY - 10 (Solution)
Very Hard
```
7 6 9 3 2 4 5 8 1
4 2 5 8 1 9 6 7 3
8 1 3 7 6 5 9 4 2
3 4 8 9 7 2 1 6 5
2 9 6 1 5 8 7 3 4
1 5 7 4 3 6 8 2 9
9 7 2 5 8 3 4 1 6
5 3 1 6 4 7 2 9 8
6 8 4 2 9 1 3 5 7
```

JANUARY DAY - 11 (Solution)
Very Hard
```
6 7 5 1 3 2 8 9 4
2 9 1 6 8 4 7 3 5
4 8 3 9 7 5 6 2 1
7 4 8 5 6 9 2 1 3
1 6 2 8 4 3 9 5 7
3 5 9 2 1 7 4 8 6
9 2 7 3 5 6 1 4 8
5 1 4 7 2 8 3 6 9
8 3 6 4 9 1 5 7 2
```

JANUARY DAY - 12 (Solution)
Very Hard
```
5 9 6 8 7 1 4 3 2
3 1 7 6 4 2 9 8 5
2 4 8 3 9 5 6 7 1
4 8 2 1 6 7 3 5 9
1 7 5 4 3 9 8 2 6
6 3 9 2 5 8 7 1 4
8 5 4 7 2 6 1 9 3
7 2 3 9 1 4 5 6 8
9 6 1 5 8 3 2 4 7
```

JANUARY DAY - 13 (Solution)
Very Hard
```
5 3 9 8 2 4 1 6 7
1 7 8 9 3 6 4 2 5
4 6 2 5 1 7 9 3 8
8 5 4 6 7 9 2 1 3
6 9 3 1 8 2 7 5 4
7 2 1 3 4 5 6 8 9
9 8 5 7 6 1 3 4 2
3 4 6 2 9 8 5 7 1
2 1 7 4 5 3 8 9 6
```

JANUARY DAY - 14 (Solution)
Very Hard
```
6 5 7 4 9 8 3 2 1
9 8 1 7 2 3 4 6 5
3 4 2 1 5 6 8 7 9
2 9 3 6 4 7 5 1 8
1 7 8 9 3 5 2 4 6
4 6 5 8 1 2 7 9 3
7 3 9 5 6 4 1 8 2
5 1 4 2 8 9 6 3 7
8 2 6 3 7 1 9 5 4
```

JANUARY DAY - 15 (Solution)
Very Hard
```
9 4 8 3 7 6 5 2 1
2 1 7 9 5 8 6 3 4
6 5 3 1 4 2 7 9 8
7 8 6 5 9 1 2 4 3
1 9 4 7 2 3 8 5 6
5 3 2 8 6 4 9 1 7
8 6 1 2 3 9 4 7 5
4 7 9 6 1 5 3 8 2
3 2 5 4 8 7 1 6 9
```

JANUARY DAY - 16 (Solution)
Insane
```
2 1 8 3 5 9 7 6 4
3 7 9 8 6 4 2 1 5
5 4 6 2 7 1 8 3 9
3 9 1 6 4 2 5 7 8
8 2 7 9 1 5 3 4 6
6 5 4 7 3 8 9 2 1
1 6 2 5 9 3 4 8 7
4 8 5 1 2 7 6 9 3
9 7 3 4 8 6 1 5 2
```

JANUARY DAY - 17 (Solution)
Insane
```
8 3 5 2 1 4 7 6 9
4 7 9 5 6 8 3 1 2
6 2 1 9 3 7 4 8 5
7 8 2 1 9 3 6 5 4
1 4 3 7 5 6 2 9 8
5 9 6 8 4 2 1 7 3
2 5 7 4 8 1 9 3 6
9 6 4 3 7 5 8 2 1
3 1 8 6 2 9 5 4 7
```

JANUARY DAY - 18 (Solution)
Insane
```
1 9 7 3 8 4 2 5 6
2 6 3 9 7 5 1 8 4
5 8 4 2 1 6 9 3 7
9 7 6 5 3 2 4 1 8
4 2 8 7 6 1 3 9 5
3 1 5 4 9 8 7 6 2
6 4 1 8 2 9 5 7 3
8 3 2 1 5 7 6 4 9
7 5 9 6 4 3 8 2 1
```

JANUARY DAY - 19 (Solution)
Insane
```
6 9 8 5 2 1 7 4 3
3 1 2 6 7 4 8 5 9
5 7 4 9 3 8 1 2 6
2 4 7 3 8 9 5 6 1
8 6 9 1 4 5 2 3 7
1 3 5 7 6 2 9 8 4
9 5 6 2 1 3 4 7 8
4 2 3 8 9 7 6 1 5
7 8 1 4 5 6 3 9 2
```

JANUARY DAY - 20 (Solution)
Insane
```
8 7 1 5 3 6 9 4 2
5 3 6 9 4 2 8 7 1
4 2 9 1 8 7 6 3 5
7 5 2 3 6 9 4 1 8
1 9 8 2 5 4 3 6 7
3 6 4 8 7 1 2 5 9
6 1 7 4 9 8 5 2 3
9 4 5 7 2 3 1 8 6
2 8 3 6 1 5 7 9 4
```

JANUARY DAY - 21 (Solution)
Insane
```
5 6 7 4 9 1 8 2 3
8 9 2 6 5 3 1 4 7
3 1 4 7 8 2 6 9 5
1 2 6 5 3 8 9 7 4
9 5 8 1 4 7 3 6 2
7 4 3 2 6 9 5 8 1
4 3 1 9 7 6 2 5 8
6 8 5 3 2 4 7 1 9
2 7 9 8 1 5 4 3 6
```

JANUARY DAY - 22 (Solution)
Insane
```
4 2 7 3 8 5 9 1 6
6 3 5 9 4 1 7 2 8
1 9 8 2 6 7 4 3 5
8 6 3 4 2 9 1 5 7
2 7 9 1 5 6 8 4 3
5 1 4 7 3 8 6 9 2
7 8 1 5 9 3 2 6 4
9 5 2 6 7 4 3 8 1
3 4 6 8 1 2 5 7 9
```

JANUARY DAY - 23 (Solution)
Insane
```
8 5 9 2 6 7 4 1 3
3 6 7 5 1 4 2 9 8
4 2 1 8 9 3 6 5 7
7 8 5 1 3 2 9 4 6
6 1 2 4 7 9 8 3 5
9 3 4 6 5 8 1 7 2
1 7 3 9 8 6 5 2 4
5 4 6 7 2 1 3 8 9
2 9 8 3 4 5 7 6 1
```

JANUARY DAY - 24 (Solution)
Insane
```
4 9 5 1 3 7 8 2 6
7 2 8 9 6 4 1 3 5
1 3 6 5 8 2 9 7 4
8 1 4 6 5 3 7 9 2
2 7 9 8 4 1 6 5 3
6 5 3 2 7 9 4 8 1
5 4 7 3 9 6 2 1 8
9 8 1 4 2 5 3 6 7
3 6 2 7 1 8 5 4 9
```

JANUARY DAY - 25 (Solution)
Insane

```
4 1 3 6 8 2 9 5 7
7 5 2 1 4 9 8 3 6
9 6 8 7 3 5 4 2 1
5 9 1 8 6 4 2 7 3
6 8 4 2 7 3 1 9 5
2 3 7 9 5 1 6 4 8
8 2 6 5 9 7 3 1 4
1 4 5 3 2 8 7 6 9
3 7 9 4 1 6 5 8 2
```

JANUARY DAY - 26 (Solution)
Insane

```
8 6 9 1 7 5 3 4 2
1 3 4 6 8 2 9 7 5
2 5 7 4 3 9 8 6 1
4 2 3 9 5 8 6 1 7
7 1 5 3 4 6 2 8 9
6 9 8 7 2 1 5 3 4
3 4 6 2 9 7 1 5 8
5 7 2 8 1 3 4 9 6
9 8 1 5 6 4 7 2 3
```

JANUARY DAY - 27 (Solution)
Insane

```
6 9 5 1 2 4 7 8 3
8 4 3 5 7 9 6 2 1
2 1 7 3 6 8 9 4 5
7 8 6 2 5 3 1 9 4
4 5 1 6 9 7 2 3 8
9 3 2 8 4 1 5 7 6
3 2 4 9 1 6 8 5 7
5 6 8 7 3 2 4 1 9
1 7 9 4 8 5 3 6 2
```

JANUARY DAY - 28 (Solution)
Insane

```
3 4 6 1 5 9 2 7 8
8 9 7 2 4 3 1 6 5
2 5 1 6 8 7 9 4 3
6 3 9 5 1 2 7 8 4
1 2 4 7 3 8 5 9 6
5 7 8 4 9 6 3 1 2
9 8 2 3 7 4 6 5 1
7 1 3 8 6 5 4 2 9
4 6 5 9 2 1 8 3 7
```

JANUARY DAY - 29 (Solution)
Insane

```
2 3 6 4 5 9 7 8 1
7 4 5 8 2 1 3 6 9
1 9 8 6 3 7 2 4 5
8 5 4 1 6 3 9 7 2
3 7 1 9 8 2 4 5 6
6 2 9 5 7 4 1 3 8
5 1 3 2 4 8 6 9 7
4 6 2 7 9 5 8 1 3
9 8 7 3 1 6 5 2 4
```

JANUARY DAY - 30 (Solution)
Insane

```
3 7 6 2 9 5 8 1 4
2 4 9 7 1 8 6 5 3
5 8 1 4 6 3 9 7 2
8 5 3 6 7 1 4 2 9
1 6 2 8 4 9 7 3 5
7 9 4 3 5 2 1 8 6
4 2 5 9 8 7 3 6 1
9 3 8 1 2 6 5 4 7
6 1 7 5 3 4 2 9 8
```

JANUARY DAY - 31 (Solution)
Insane

```
1 2 5 8 7 3 4 9 6
7 8 9 1 6 4 3 2 5
3 6 4 2 9 5 7 8 1
6 1 7 3 2 9 8 5 4
5 3 8 4 1 7 9 6 2
4 9 2 5 8 6 1 7 3
8 5 3 7 4 2 6 1 9
9 4 1 6 5 8 2 3 7
2 7 6 9 3 1 5 4 8
```

FEBRUARY DAY - 1 (Solution)
Very Hard

```
8 7 5 9 4 6 2 1 3
4 9 6 2 3 1 7 8 5
3 1 2 5 8 7 4 6 9
7 4 1 6 5 8 9 3 2
6 2 9 7 1 3 5 4 8
5 8 3 4 9 2 1 7 6
1 3 4 8 2 9 6 5 7
9 6 8 1 7 5 3 2 4
2 5 7 3 6 4 8 9 1
```

FEBRUARY DAY - 2 (Solution)
Very Hard

```
3 8 6 5 4 7 2 1 9
4 9 2 1 6 8 7 5 3
7 5 1 2 3 9 6 4 8
5 6 7 8 1 4 3 9 2
8 2 3 9 5 6 4 7 1
1 4 9 3 7 2 5 8 6
9 1 5 7 2 3 8 6 4
6 3 8 4 9 5 1 2 7
2 7 4 6 8 1 9 3 5
```

FEBRUARY DAY - 3 (Solution)
Very Hard

```
3 8 1 5 2 9 7 6 4
4 5 7 6 1 8 9 3 2
2 6 9 7 3 4 5 1 8
5 2 8 9 6 3 1 4 7
7 1 3 4 5 2 8 9 6
6 9 4 8 7 1 2 5 3
8 7 5 1 4 6 3 2 9
1 4 2 3 9 7 6 8 5
9 3 6 2 8 5 4 7 1
```

FEBRUARY DAY - 4 (Solution)
Very Hard

```
1 6 9 7 8 3 2 5 4
3 5 8 2 6 4 1 7 9
4 7 2 9 5 1 3 8 6
8 4 5 1 3 9 6 2 7
7 1 3 4 2 6 5 9 8
2 9 6 5 7 8 4 1 3
9 8 4 6 1 2 7 3 5
5 3 1 8 4 7 9 6 2
6 2 7 3 9 5 8 4 1
```

FEBRUARY DAY - 5 (Solution)
Very Hard

```
5 3 8 2 9 7 4 1 6
9 4 2 5 6 1 8 7 3
7 1 6 3 8 4 9 2 5
4 6 1 9 5 2 7 3 8
3 7 5 8 1 6 2 9 4
8 2 9 7 4 3 5 6 1
2 9 4 1 3 8 6 5 7
1 8 7 6 2 5 3 4 9
6 5 3 4 7 9 1 8 2
```

FEBRUARY DAY - 6 (Solution)
Very Hard

```
7 5 1 4 9 6 2 3 8
9 8 4 1 2 3 6 5 7
3 2 6 5 7 8 4 9 1
1 6 7 8 4 9 5 2 3
8 3 2 6 1 5 9 7 4
4 9 5 2 3 7 8 1 6
6 1 3 9 8 2 7 4 5
5 4 9 7 6 1 3 8 2
2 7 8 3 5 4 1 6 9
```

FEBRUARY DAY - 7 (Solution)
Very Hard

```
6 7 1 3 5 2 9 4 8
4 8 9 6 1 7 3 5 2
2 3 5 9 8 4 7 6 1
9 2 7 1 3 5 6 8 4
8 5 3 2 4 6 1 9 7
1 4 6 7 9 8 2 3 5
7 9 8 4 6 1 5 2 3
5 6 2 8 7 3 4 1 9
3 1 4 5 2 9 8 7 6
```

FEBRUARY DAY - 8 (Solution)
Very Hard

```
4 2 8 9 1 7 6 3 5
9 7 3 6 5 2 8 1 4
1 5 6 8 3 4 7 9 2
3 4 9 1 6 8 2 5 7
7 1 2 3 4 5 9 6 8
6 8 5 7 2 9 1 4 3
8 6 1 5 7 3 4 2 9
2 3 7 4 9 1 5 8 6
5 9 4 2 8 6 3 7 1
```

FEBRUARY DAY - 9 (Solution)
Very Hard

```
4 1 3 6 7 5 9 8 2
7 2 6 4 9 8 3 1 5
8 9 5 1 2 3 4 7 6
3 6 9 7 5 2 8 4 1
2 4 8 9 1 6 7 5 3
5 7 1 3 8 4 2 6 9
1 3 2 5 4 7 6 9 8
9 8 7 2 6 1 5 3 4
6 5 4 8 3 9 1 2 7
```

FEBRUARY DAY - 10 (Solution)
Very Hard

```
1 6 9 4 2 3 5 7 8
5 2 3 7 8 6 4 9 1
4 8 7 9 5 1 3 6 2
3 7 1 6 9 2 8 5 4
8 4 5 3 1 7 6 2 9
6 9 2 5 4 8 7 1 3
9 3 6 1 7 4 2 8 5
7 1 8 2 3 5 9 4 6
2 5 4 8 6 9 1 3 7
```

FEBRUARY DAY - 11 (Solution)
Very Hard

```
1 9 2 5 8 4 3 7 6
7 8 5 6 1 3 9 4 2
3 4 6 7 9 2 5 1 8
5 6 8 1 4 7 2 3 9
4 7 3 2 5 9 6 8 1
2 1 9 8 3 6 4 5 7
8 2 4 3 6 1 7 9 5
6 3 1 9 7 5 8 2 4
9 5 7 4 2 8 1 6 3
```

FEBRUARY DAY - 12 (Solution)
Very Hard

```
9 3 7 6 4 2 8 5 1
2 1 5 8 3 7 9 6 4
4 8 6 1 5 9 7 3 2
8 2 4 5 1 6 3 9 7
3 7 1 2 9 8 6 4 5
5 6 9 4 7 3 2 1 8
6 4 3 7 8 5 1 2 9
7 5 2 9 6 1 4 8 3
1 9 8 3 2 4 5 7 6
```

FEBRUARY DAY - 13 (Solution)
Very Hard

```
5 8 3 6 9 2 1 7 4
7 1 9 5 3 4 6 2 8
2 4 6 7 1 8 3 5 9
1 2 8 4 5 3 7 9 6
4 6 7 8 2 9 5 1 3
9 3 5 1 7 6 8 4 2
8 5 2 3 4 7 9 6 1
3 7 4 9 6 1 2 8 5
6 9 1 2 8 5 4 3 7
```

FEBRUARY DAY - 14 (Solution)
Very Hard

```
3 6 8 1 2 5 4 9 7
4 5 9 8 7 3 2 1 6
1 2 7 9 4 6 8 5 3
6 7 5 2 1 9 3 4 8
2 9 3 5 8 4 6 7 1
8 4 1 6 3 7 9 2 5
9 3 6 7 5 2 1 8 4
5 8 2 4 6 1 7 3 9
7 1 4 3 9 8 5 6 2
```

FEBRUARY DAY - 15 (Solution)
Insane

```
9 6 1 8 2 7 3 5 4
8 5 7 9 3 4 2 6 1
4 3 2 6 1 5 7 9 8
7 1 8 3 9 2 6 4 5
6 2 5 7 4 8 1 3 9
3 9 4 1 5 6 8 2 7
2 7 6 4 8 9 5 1 3
5 4 3 2 7 1 9 8 6
1 8 9 5 6 3 4 7 2
```

FEBRUARY DAY - 16 (Solution)
Insane

```
4 5 8 1 3 6 7 2 9
2 6 3 5 7 9 4 8 1
7 9 1 8 2 4 5 6 3
8 3 2 6 1 5 9 7 4
5 4 7 3 9 8 6 1 2
6 1 9 2 4 7 8 3 5
3 8 4 9 6 2 1 5 7
1 7 6 4 5 3 2 9 8
9 2 5 7 8 1 3 4 6
```

FEBRUARY DAY - 17 (Solution)
Insane

```
2 5 3 4 8 6 7 1 9
8 1 4 7 2 9 3 5 6
9 7 6 5 1 3 4 8 2
1 8 9 6 7 5 2 4 3
5 3 2 9 4 8 1 6 7
4 6 7 1 3 2 5 9 8
6 9 1 3 5 7 8 2 4
3 2 5 8 6 4 9 7 1
7 4 8 2 9 1 6 3 5
```

FEBRUARY DAY - 18 (Solution) — Insane
```
9 2 3 5 7 1 8 4 6
4 1 8 9 6 3 7 2 5
6 7 5 2 8 4 1 9 3
3 4 1 8 2 7 5 6 9
5 9 2 1 4 6 3 7 8
8 6 7 3 5 9 4 1 2
2 8 4 7 9 5 6 3 1
7 3 9 6 1 8 2 5 4
1 5 6 4 3 2 9 8 7
```

FEBRUARY DAY - 19 (Solution) — Insane
```
6 8 2 1 4 9 7 3 5
4 3 1 6 5 7 9 8 2
9 7 5 2 8 3 1 6 4
7 6 3 8 9 5 2 4 1
8 2 4 7 1 6 5 9 3
1 5 9 4 3 2 8 7 6
5 9 7 3 6 1 4 2 8
3 1 8 9 2 4 6 5 7
2 4 6 5 7 8 3 1 9
```

FEBRUARY DAY - 20 (Solution) — Insane
```
3 9 4 1 2 6 7 5 8
2 1 6 5 8 7 3 9 4
8 5 7 9 4 3 6 1 2
6 3 9 2 1 8 5 4 7
4 8 5 3 7 9 2 6 1
1 7 2 6 5 4 8 3 9
7 2 3 4 6 1 9 8 5
5 6 1 8 9 2 4 7 3
9 4 8 7 3 5 1 2 6
```

FEBRUARY DAY - 21 (Solution) — Insane
```
8 7 1 5 3 2 4 6 9
4 2 3 7 6 9 1 8 5
5 9 6 4 1 8 2 3 7
9 3 4 6 5 1 8 7 2
2 5 7 8 9 3 6 4 1
6 1 8 2 4 7 5 9 3
3 6 5 9 2 4 7 1 8
1 8 2 3 7 6 9 5 4
7 4 9 1 8 5 3 2 6
```

FEBRUARY DAY - 22 (Solution) — Insane
```
1 3 2 7 5 8 6 9 4
8 5 9 6 1 4 7 2 3
4 6 7 3 2 9 5 1 8
3 4 8 9 6 5 2 7 1
7 1 5 4 8 2 3 6 9
2 9 6 1 3 7 4 8 5
6 2 1 5 9 3 8 4 7
9 7 3 8 4 6 1 5 2
5 8 4 2 7 1 9 3 6
```

FEBRUARY DAY - 23 (Solution) — Insane
```
9 1 6 2 8 3 7 5 4
2 5 4 7 1 9 3 6 8
8 3 7 6 4 5 2 9 1
1 8 5 4 9 7 6 3 2
6 2 9 8 3 1 5 4 7
7 4 3 5 6 2 1 8 9
5 7 8 9 2 6 4 1 3
4 6 1 3 7 8 9 2 5
3 9 2 1 5 4 8 7 6
```

FEBRUARY DAY - 24 (Solution) — Insane
```
6 7 8 2 1 5 4 3 9
1 9 3 8 6 4 5 2 7
2 5 4 7 9 3 6 1 8
8 6 2 1 7 9 3 5 4
4 3 9 6 5 2 7 8 1
7 1 5 4 3 8 2 9 6
5 8 1 3 4 7 9 6 2
9 4 6 5 2 1 8 7 3
3 2 7 9 8 6 1 4 5
```

FEBRUARY DAY - 25 (Solution) — Insane
```
6 8 9 2 7 1 4 5 3
4 5 2 3 9 8 1 7 6
7 1 3 4 6 5 9 2 8
2 7 5 8 1 9 6 3 4
9 3 6 7 2 4 8 1 5
8 4 1 6 5 3 2 9 7
5 6 7 1 4 2 3 8 9
1 9 8 5 3 6 7 4 2
3 2 4 9 8 7 5 6 1
```

FEBRUARY DAY - 26 (Solution) — Insane
```
4 2 5 7 3 1 8 9 6
6 9 8 2 4 5 1 3 7
1 3 7 6 9 8 5 2 4
2 7 1 4 8 9 6 5 3
8 6 9 5 2 3 7 4 1
5 4 3 1 6 7 2 8 9
9 8 2 3 1 6 4 7 5
7 1 4 9 5 2 3 6 8
3 5 6 8 7 4 9 1 2
```

FEBRUARY DAY - 27 (Solution) — Insane
```
5 1 3 7 4 2 9 8 6
6 7 8 9 5 1 2 3 4
9 2 4 3 8 6 7 5 1
3 5 7 8 1 4 6 2 9
8 9 1 2 6 3 5 4 7
2 4 6 5 9 7 8 1 3
1 3 5 6 7 8 4 9 2
7 8 2 4 3 9 1 6 5
4 6 9 1 2 5 3 7 8
```

FEBRUARY DAY - 28 (Solution) — Insane
```
3 7 2 4 5 9 6 8 1
9 6 8 3 1 2 5 4 7
1 5 4 6 8 7 9 2 3
5 1 6 8 3 4 7 9 2
2 8 9 1 7 5 4 3 6
7 4 3 9 2 6 8 1 5
8 2 5 7 4 1 3 6 9
4 9 7 2 6 3 1 5 8
6 3 1 5 9 8 2 7 4
```

MARCH DAY - 1 (Solution) — Very Hard
```
7 6 4 8 9 5 3 1 2
5 3 8 6 2 1 4 9 7
1 2 9 7 3 4 6 5 8
2 7 1 5 6 3 8 4 9
9 4 3 1 7 8 5 2 6
6 8 5 2 4 9 7 3 1
4 5 6 9 8 2 1 7 3
3 9 7 4 1 6 2 8 5
8 1 2 3 5 7 9 6 4
```

MARCH DAY - 2 (Solution) — Very Hard
```
7 3 8 4 5 6 2 9 1
6 1 5 7 2 9 8 4 3
9 2 4 8 1 3 7 6 5
3 5 1 6 7 2 4 8 9
8 4 7 5 9 1 6 3 2
2 6 9 3 8 4 1 5 7
5 8 2 9 4 7 3 1 6
4 7 3 1 6 5 9 2 8
1 9 6 2 3 8 5 7 4
```

MARCH DAY - 3 (Solution) — Very Hard
```
9 4 2 3 5 1 8 6 7
1 8 3 2 6 7 5 9 4
7 6 5 8 9 4 1 3 2
8 7 9 5 1 3 4 2 6
3 5 4 7 2 6 9 1 8
6 2 1 9 4 8 7 5 3
5 1 8 4 3 2 6 7 9
4 3 6 1 7 9 2 8 5
2 9 7 6 8 5 3 4 1
```

MARCH DAY - 4 (Solution) — Very Hard
```
9 7 3 5 4 1 8 2 6
6 4 8 7 2 9 1 5 3
1 2 5 6 3 8 9 7 4
8 1 2 4 9 3 7 6 5
4 6 7 1 8 5 2 3 9
5 3 9 2 6 7 4 1 8
3 8 6 9 1 2 5 4 7
7 9 1 3 5 4 6 8 2
2 5 4 8 7 6 3 9 1
```

MARCH DAY - 5 (Solution) — Very Hard
```
2 3 4 8 9 1 5 6 7
6 9 1 3 7 5 8 4 2
7 5 8 2 6 4 3 1 9
3 4 2 7 8 6 1 9 5
9 1 6 5 3 2 4 7 8
8 7 5 4 1 9 2 3 6
1 6 3 9 5 8 7 2 4
5 2 9 1 4 7 6 8 3
4 8 7 6 2 3 9 5 1
```

MARCH DAY - 6 (Solution) — Very Hard
```
4 6 7 8 2 9 3 5 1
8 5 3 1 4 6 7 2 9
9 2 1 3 7 5 4 6 8
2 3 5 9 8 1 6 7 4
1 4 6 7 5 3 9 8 2
7 8 9 2 6 4 1 3 5
3 9 8 6 1 2 5 4 7
5 1 2 4 3 7 8 9 6
6 7 4 5 9 8 2 1 3
```

MARCH DAY - 7 (Solution) — Very Hard
```
6 9 8 1 7 4 5 3 2
7 2 1 3 5 8 9 4 6
4 3 5 9 2 6 1 8 7
9 7 3 2 6 1 8 5 4
1 5 6 4 8 3 2 7 9
2 8 4 5 9 7 6 1 3
3 1 9 6 4 5 7 2 8
8 4 2 7 1 9 3 6 5
5 6 7 8 3 2 4 9 1
```

MARCH DAY - 8 (Solution) — Very Hard
```
3 1 6 8 7 4 2 5 9
7 5 2 6 1 9 8 3 4
9 8 4 2 5 3 1 6 7
4 2 9 5 6 1 7 8 3
1 3 5 9 8 7 4 2 6
6 7 8 3 4 2 9 1 5
5 6 1 7 9 8 3 4 2
2 4 7 1 3 6 5 9 8
8 9 3 4 2 5 6 7 1
```

MARCH DAY - 9 (Solution) — Very Hard
```
8 5 7 6 9 3 2 1 4
4 6 3 2 7 1 5 8 9
1 9 2 8 5 4 6 3 7
2 7 8 9 4 5 3 6 1
9 3 5 1 8 6 4 7 2
6 4 1 3 2 7 9 5 8
5 1 9 7 3 2 8 4 6
3 8 6 4 1 9 7 2 5
7 2 4 5 6 8 1 9 3
```

MARCH DAY - 10 (Solution) — Very Hard
```
2 3 6 8 1 4 9 7 5
1 7 5 2 9 6 8 4 3
4 8 9 3 7 5 2 6 1
8 1 4 5 3 9 6 2 7
9 5 3 7 6 2 1 8 4
7 6 2 4 8 1 3 5 9
6 9 8 1 5 7 4 3 2
5 4 1 6 2 3 7 9 8
3 2 7 9 4 8 5 1 6
```

MARCH DAY - 11 (Solution) — Very Hard
```
1 3 8 2 9 7 5 4 6
2 7 5 6 1 4 9 3 8
4 9 6 8 3 5 7 1 2
9 1 4 7 5 2 8 6 3
5 8 2 4 6 3 1 7 9
7 6 3 1 8 9 2 5 4
8 2 1 5 4 6 3 9 7
3 4 7 9 2 1 6 8 5
6 5 9 3 7 8 4 2 1
```

MARCH DAY - 12 (Solution) — Very Hard
```
4 8 9 5 6 7 2 3 1
7 2 5 4 1 3 8 6 9
6 1 3 2 9 8 7 5 4
8 9 7 1 5 6 4 2 3
5 3 2 7 4 9 6 1 8
1 6 4 3 8 2 5 9 7
3 4 1 6 7 5 9 8 2
9 7 6 8 2 1 3 4 5
2 5 8 9 3 4 1 7 6
```

MARCH DAY - 13 (Solution) — Very Hard
```
6 4 2 5 9 8 1 3 7
1 8 5 6 7 3 2 9 4
3 7 9 4 1 2 5 8 6
8 2 1 3 5 7 6 4 9
5 6 7 9 2 4 3 1 8
4 9 3 1 8 6 7 2 5
9 3 8 7 6 1 4 5 2
2 1 6 8 4 5 9 7 3
7 5 4 2 3 9 8 6 1
```

MARCH DAY - 14 (Solution) — Very Hard

4	2	7	8	1	6	5	3	9
1	9	5	4	3	7	8	2	6
6	3	8	5	9	2	7	4	1
3	7	2	6	5	8	9	1	4
8	1	6	7	4	9	3	5	2
5	4	9	1	2	3	6	7	8
2	5	3	9	6	1	4	8	7
7	6	1	3	8	4	2	9	5
9	8	4	2	7	5	1	6	3

MARCH DAY - 15 (Solution) — Very Hard

7	8	6	3	2	4	9	1	5
4	3	1	5	7	9	6	2	8
2	9	5	8	1	6	3	7	4
6	2	3	1	5	8	4	9	7
9	5	4	7	6	2	1	8	3
1	7	8	9	4	3	5	6	2
5	6	9	2	3	7	8	4	1
3	4	7	6	8	1	2	5	9
8	1	2	4	9	5	7	3	6

MARCH DAY - 16 (Solution) — Insane

5	4	2	6	8	3	1	7	9
3	1	6	4	9	7	2	5	8
7	9	8	1	5	2	3	6	4
6	2	5	9	4	1	7	8	3
9	3	1	5	7	8	4	2	6
8	7	4	3	2	6	9	1	5
2	8	3	7	6	4	5	9	1
1	6	9	2	3	5	8	4	7
4	5	7	8	1	9	6	3	2

MARCH DAY - 17 (Solution) — Insane

6	9	7	5	1	2	8	4	3
5	1	4	8	7	3	9	2	6
2	3	8	9	4	6	5	1	7
7	2	5	6	8	9	1	3	4
3	6	1	4	2	5	7	8	9
8	4	9	1	3	7	2	6	5
1	5	6	2	9	4	3	7	8
9	8	3	7	6	1	4	5	2
4	7	2	3	5	8	6	9	1

MARCH DAY - 18 (Solution) — Insane

6	5	2	7	4	8	3	1	9
7	9	1	3	5	6	8	4	2
4	3	8	9	2	1	7	5	6
1	2	6	8	3	9	5	7	4
5	4	7	1	6	2	9	3	8
9	8	3	4	7	5	6	2	1
3	6	9	2	1	7	4	8	5
8	1	4	5	9	3	2	6	7
2	7	5	6	8	4	1	9	3

MARCH DAY - 19 (Solution) — Insane

1	6	9	2	3	7	4	5	8
4	5	7	8	1	6	3	2	9
2	8	3	4	5	9	7	6	1
3	4	6	7	2	8	1	9	5
9	7	8	1	4	5	2	3	6
5	1	2	9	6	3	8	7	4
6	2	5	3	8	1	9	4	7
7	3	1	6	9	4	5	8	2
8	9	4	5	7	2	6	1	3

MARCH DAY - 20 (Solution) — Insane

9	7	2	5	6	8	3	4	1
5	6	8	3	4	1	2	9	7
4	1	3	9	7	2	5	8	6
8	2	1	4	3	7	6	5	9
6	9	4	2	1	5	8	7	3
7	3	5	6	8	9	1	2	4
3	4	7	8	2	6	9	1	5
1	8	9	7	5	3	4	6	2
2	5	6	1	9	4	7	3	8

MARCH DAY - 21 (Solution) — Insane

7	3	1	9	8	2	6	5	4
9	8	4	6	1	5	7	2	3
6	5	2	7	4	3	8	1	9
1	4	8	5	9	6	3	7	2
3	7	6	4	2	1	5	9	8
5	2	9	3	7	8	1	4	6
2	1	3	8	5	9	4	6	7
8	9	7	1	6	4	2	3	5
4	6	5	2	3	7	9	8	1

MARCH DAY - 22 (Solution) — Very Hard

3	1	4	5	2	9	7	8	6
8	2	7	6	1	4	3	5	9
5	9	6	3	7	8	4	2	1
1	5	9	8	3	6	2	7	4
6	4	8	2	9	7	5	1	3
2	7	3	4	5	1	6	9	8
4	6	2	9	8	5	1	3	7
9	3	1	7	4	2	8	6	5
7	8	5	1	6	3	9	4	2

MARCH DAY - 23 (Solution) — Insane

5	2	9	3	1	8	7	4	6
6	4	7	2	9	5	8	1	3
3	1	8	4	7	6	2	9	5
1	3	6	7	5	9	4	8	2
2	7	5	8	6	4	9	3	1
9	8	4	1	3	2	6	5	7
8	9	3	6	2	1	5	7	4
4	6	1	5	8	7	3	2	9
7	5	2	9	4	3	1	6	8

MARCH DAY - 24 (Solution) — Insane

8	3	6	2	7	1	9	4	5
9	1	4	6	8	5	2	7	3
2	7	5	9	3	4	1	6	8
3	6	8	4	2	9	5	1	7
4	2	1	7	5	8	6	3	9
7	5	9	1	6	3	4	8	2
1	8	3	5	9	6	7	2	4
5	4	7	8	1	2	3	9	6
6	9	2	3	4	7	8	5	1

MARCH DAY - 25 (Solution) — Insane

4	5	7	3	8	1	6	9	2
2	6	8	4	5	9	3	7	1
3	9	1	6	7	2	5	8	4
5	8	9	1	2	7	4	6	3
1	2	6	8	4	3	9	5	7
7	4	3	5	9	6	1	2	8
8	7	5	9	3	4	2	1	6
9	1	4	2	6	8	7	3	5
6	3	2	7	1	5	8	4	9

MARCH DAY - 26 (Solution) — Insane

1	3	8	6	9	2	4	5	7
2	9	4	8	7	5	1	6	3
7	6	5	3	4	1	2	8	9
9	2	3	5	8	4	7	1	6
6	5	1	7	2	3	9	4	8
4	8	7	9	1	6	3	2	5
5	7	2	4	6	9	8	3	1
3	4	9	1	5	8	6	7	2
8	1	6	2	3	7	5	9	4

MARCH DAY - 27 (Solution) — Insane

4	1	3	6	8	2	9	7	5
8	9	5	1	4	7	6	2	3
2	7	6	3	5	9	4	8	1
1	4	7	2	6	5	8	3	9
3	6	2	8	9	1	5	4	7
5	8	9	7	3	4	1	6	2
7	3	8	9	1	6	2	5	4
9	2	4	5	7	8	3	1	6
6	5	1	4	2	3	7	9	8

MARCH DAY - 28 (Solution) — Insane

2	7	1	3	9	8	4	5	6
5	6	8	4	7	2	3	1	9
3	4	9	6	1	5	2	7	8
8	1	2	7	3	9	6	4	5
6	9	3	1	5	4	7	8	2
4	5	7	8	2	6	1	9	3
9	3	4	2	8	1	5	6	7
1	2	5	9	6	7	8	3	4
7	8	6	5	4	3	9	2	1

MARCH DAY - 29 (Solution) — Insane

7	1	2	6	8	3	4	9	5
3	9	5	4	1	2	7	8	6
6	8	4	9	7	5	2	3	1
4	3	9	7	6	8	5	1	2
2	6	1	5	3	4	9	7	8
5	7	8	1	2	9	6	4	3
1	2	6	3	9	7	8	5	4
8	4	7	2	5	1	3	6	9
9	5	3	8	4	6	1	2	7

MARCH DAY - 30 (Solution) — Insane

3	4	7	2	6	1	9	8	5
1	5	2	8	4	9	6	7	3
6	8	9	7	5	3	1	2	4
5	7	3	1	8	2	4	9	6
9	2	8	4	3	6	5	1	7
4	1	6	5	9	7	2	3	8
2	6	1	3	7	5	8	4	9
7	9	4	6	2	8	3	5	1
8	3	5	9	1	4	7	6	2

MARCH DAY - 31 (Solution) — Insane

4	7	3	9	8	2	1	6	5
1	2	5	7	3	6	8	4	9
9	8	6	1	4	5	2	7	3
2	4	8	3	1	7	9	5	6
5	1	7	4	6	9	3	2	8
6	3	9	5	2	8	4	1	7
7	6	2	8	9	1	5	3	4
3	9	1	6	5	4	7	8	2
8	5	4	2	7	3	6	9	1

APRIL DAY - 1 (Solution) — Very Hard

9	8	6	1	7	5	3	4	2
4	3	7	9	6	2	5	8	1
1	5	2	4	8	3	9	6	7
8	4	3	7	2	6	1	9	5
5	2	1	3	9	8	6	7	4
6	7	9	5	4	1	8	2	3
3	6	8	2	1	7	4	5	9
2	9	5	8	3	4	7	1	6
7	1	4	6	5	9	2	3	8

APRIL DAY - 2 (Solution) — Very Hard

1	7	4	8	9	6	2	3	5
3	8	6	4	2	5	7	9	1
9	5	2	3	7	1	6	4	8
7	9	8	6	5	2	4	1	3
5	4	3	1	8	7	9	2	6
2	6	1	9	3	4	8	5	7
6	2	5	7	1	9	3	8	4
4	3	9	5	6	8	1	7	2
8	1	7	2	4	3	5	6	9

APRIL DAY - 3 (Solution) — Very Hard

5	9	7	6	8	3	2	1	4
1	2	3	4	9	5	6	7	8
8	4	6	2	7	1	5	3	9
3	8	1	9	4	2	7	5	6
6	5	9	8	3	7	1	4	2
4	7	2	5	1	6	9	8	3
7	1	8	3	6	9	4	2	5
2	6	4	7	5	8	3	9	1
9	3	5	1	2	4	8	6	7

APRIL DAY - 4 (Solution) — Very Hard

8	3	7	2	6	5	1	4	9
9	1	6	7	4	8	5	2	3
5	2	4	3	1	9	6	8	7
7	5	2	4	3	1	9	6	8
4	8	3	5	9	6	7	1	2
6	9	1	8	7	2	4	3	5
1	7	9	6	2	3	8	5	4
2	6	5	9	8	4	3	7	1
3	4	8	1	5	7	2	9	6

APRIL DAY - 5 (Solution) — Very Hard

8	7	5	9	6	4	2	1	3
4	9	6	3	2	1	7	5	8
2	3	1	5	7	8	9	4	6
3	2	4	7	9	5	8	6	1
1	5	7	4	8	6	3	2	9
9	6	8	1	3	2	4	7	5
6	1	2	8	4	9	5	3	7
7	4	9	6	5	3	1	8	2
5	8	3	2	1	7	6	9	4

APRIL DAY - 6 (Solution) — Very Hard

1	6	2	4	7	8	3	5	9
4	5	3	1	6	9	7	2	8
8	7	9	5	3	2	6	4	1
6	1	5	7	2	3	9	8	4
2	4	7	8	9	1	5	3	6
3	9	8	6	4	5	1	7	2
7	3	4	9	8	6	2	1	5
5	2	6	3	1	4	8	9	7
9	8	1	2	5	7	4	6	3

APRIL DAY - 7 (Solution) — Very Hard
```
1 7 8 3 4 2 6 9 5
2 9 5 7 6 1 8 3 4
6 3 4 5 8 9 2 1 7
8 4 6 9 1 7 5 2 3
9 2 1 8 5 3 4 7 6
7 5 3 6 2 4 9 8 1
4 6 7 1 9 8 3 5 2
3 8 2 4 7 5 1 6 9
5 1 9 2 3 6 7 4 8
```

APRIL DAY - 8 (Solution) — Very Hard
```
9 2 8 5 3 7 4 1 6
4 3 6 9 8 1 2 7 5
7 1 5 2 4 6 9 3 8
3 4 2 7 1 8 6 5 9
6 8 7 3 5 9 1 2 4
1 5 9 6 2 4 3 8 7
2 7 4 1 9 5 8 6 3
5 9 3 8 6 2 7 4 1
8 6 1 4 7 3 5 9 2
```

APRIL DAY - 9 (Solution) — Very Hard
```
3 5 8 4 7 1 2 9 6
6 7 4 5 9 2 1 8 3
2 9 1 8 3 6 4 7 5
4 3 7 2 6 5 8 1 9
5 6 9 1 8 7 3 2 4
8 1 2 3 4 9 5 6 7
9 4 5 7 1 8 6 3 2
1 2 6 9 5 3 7 4 8
7 8 3 6 2 4 9 5 1
```

APRIL DAY - 10 (Solution) — Very Hard
```
7 6 5 8 2 9 3 1 4
8 1 3 5 6 4 9 7 2
9 2 4 1 3 7 5 6 8
2 9 6 7 1 5 4 8 3
3 7 1 2 4 8 6 5 9
5 4 8 6 9 3 1 2 7
1 3 2 4 7 6 8 9 5
6 8 9 3 5 2 7 4 1
4 5 7 9 8 1 2 3 6
```

APRIL DAY - 11 (Solution) — Very Hard
```
7 6 5 4 3 1 8 2 9
8 1 4 2 7 9 3 6 5
9 2 3 5 6 8 1 4 7
3 4 8 9 1 6 5 7 2
6 7 9 8 5 2 4 3 1
1 5 2 7 4 3 6 9 8
5 9 1 3 2 4 7 8 6
4 8 7 6 9 5 2 1 3
2 3 6 1 8 7 9 5 4
```

APRIL DAY - 12 (Solution) — Very Hard
```
2 3 9 8 5 7 4 1 6
8 7 4 1 6 3 2 9 5
5 6 1 4 2 9 7 3 8
6 4 8 2 1 5 3 7 9
9 5 7 6 3 4 1 8 2
3 1 2 7 9 8 6 5 4
1 8 5 3 4 6 9 2 7
4 9 3 5 7 2 8 6 1
7 2 6 9 8 1 5 4 3
```

APRIL DAY - 13 (Solution) — Very Hard
```
5 9 1 7 4 8 2 3 6
7 8 3 6 9 2 1 5 4
2 6 4 5 3 1 9 7 8
8 3 9 4 5 6 7 1 2
4 7 6 1 2 9 5 8 3
1 5 2 8 7 3 6 4 9
6 2 7 3 8 5 4 9 1
9 4 8 2 1 7 3 6 5
3 1 5 9 6 4 8 2 7
```

APRIL DAY - 14 (Solution) — Very Hard
```
7 9 4 3 8 5 6 1 2
5 6 3 4 1 2 9 7 8
1 8 2 9 7 6 4 5 3
2 5 7 6 4 1 8 3 9
3 1 6 8 9 7 2 4 5
8 4 9 5 2 3 7 6 1
4 7 8 1 5 9 3 2 6
6 2 5 7 3 8 1 9 4
9 3 1 2 6 4 5 8 7
```

APRIL DAY - 15 (Solution) — Very Hard
```
5 7 8 9 3 2 1 6 4
4 6 3 8 1 5 9 7 2
1 9 2 4 7 6 5 3 8
3 2 1 6 8 7 4 5 9
7 8 9 2 5 4 3 1 6
6 4 5 3 9 1 2 8 7
2 5 7 1 4 8 6 9 3
8 3 4 5 6 9 7 2 1
9 1 6 7 2 3 8 4 5
```

APRIL DAY - 16 (Solution) — Insane
```
1 9 7 2 3 8 4 6 5
8 6 2 9 5 4 1 7 3
5 4 3 6 7 1 2 9 8
2 5 6 1 4 7 8 3 9
9 3 8 5 2 6 7 4 1
7 1 4 3 8 9 6 5 2
3 8 5 7 6 2 9 1 4
6 2 1 4 9 5 3 8 7
4 7 9 8 1 3 5 2 6
```

APRIL DAY - 17 (Solution) — Insane
```
5 4 6 1 2 3 8 7 9
7 8 3 4 5 9 1 6 2
9 1 2 8 6 7 3 4 5
3 9 1 6 4 8 5 2 7
8 6 4 5 7 2 9 3 1
2 7 5 9 3 1 4 8 6
6 3 9 2 8 5 7 1 4
4 5 8 7 1 6 2 9 3
1 2 7 3 9 4 6 5 8
```

APRIL DAY - 18 (Solution) — Insane
```
3 6 8 5 2 9 1 4 7
7 1 5 8 3 4 2 9 6
4 9 2 7 1 6 5 8 3
2 4 6 3 7 8 9 1 5
9 5 7 2 6 1 4 3 8
8 3 1 4 9 5 7 6 2
1 2 9 6 8 7 3 5 4
5 8 3 9 4 2 6 7 1
6 7 4 1 5 3 8 2 9
```

APRIL DAY - 19 (Solution) — Insane
```
6 8 7 3 9 4 5 1 2
2 4 9 8 5 1 6 3 7
1 3 5 2 7 6 8 9 4
9 6 4 7 8 2 3 5 1
3 1 8 4 6 5 7 2 9
7 5 2 9 1 3 4 6 8
8 2 1 5 3 7 9 4 6
5 7 6 1 4 9 2 8 3
4 9 3 6 2 8 1 7 5
```

APRIL DAY - 20 (Solution) — Insane
```
6 1 9 8 5 2 3 7 4
5 2 4 7 3 1 6 8 9
3 8 7 6 9 4 2 1 5
9 6 8 3 7 5 4 2 1
4 5 2 9 1 6 7 3 8
1 7 3 2 4 8 9 5 6
2 3 5 1 6 9 8 4 7
7 9 1 4 8 3 5 6 2
8 4 6 5 2 7 1 9 3
```

APRIL DAY - 21 (Solution) — Insane
```
8 6 7 2 9 1 5 4 3
5 2 9 4 7 3 6 1 8
4 3 1 6 8 5 9 7 2
6 5 3 9 4 7 8 2 1
9 8 4 3 1 2 7 5 6
7 1 2 5 6 8 4 3 9
2 7 5 8 3 6 1 9 4
3 4 6 1 5 9 2 8 7
1 9 8 7 2 4 3 6 5
```

APRIL DAY - 22 (Solution) — Insane
```
9 7 1 3 4 6 2 5 8
2 8 4 1 7 5 6 3 9
6 3 5 8 9 2 7 1 4
4 6 7 5 1 9 8 2 3
8 9 2 7 3 4 1 6 5
5 1 3 6 2 8 4 9 7
1 5 6 4 8 3 9 7 2
7 2 8 9 5 1 3 4 6
3 4 9 2 6 7 5 8 1
```

APRIL DAY - 23 (Solution) — Insane
```
7 8 4 6 9 1 5 3 2
1 6 3 5 2 8 9 4 7
2 9 5 3 4 7 8 1 6
9 4 2 1 3 5 6 7 8
6 3 7 4 8 9 2 5 1
5 1 8 7 6 2 3 9 4
3 5 1 2 7 6 4 8 9
8 7 6 9 5 4 1 2 3
4 2 9 8 1 3 7 6 5
```

APRIL DAY - 24 (Solution) — Insane
```
8 4 1 3 7 2 6 5 9
7 9 3 5 6 8 4 1 2
5 6 2 9 4 1 7 3 8
6 1 7 2 3 9 8 4 5
9 8 4 6 1 5 3 2 7
2 3 5 7 8 4 9 6 1
3 5 9 8 2 6 1 7 4
1 7 8 4 5 3 2 9 6
4 2 6 1 9 7 5 8 3
```

APRIL DAY - 25 (Solution) — Insane
```
4 7 2 6 1 8 9 3 5
9 1 3 7 2 5 6 4 8
8 5 6 9 3 4 1 2 7
6 8 9 1 5 3 2 7 4
5 2 4 8 7 6 3 9 1
1 3 7 4 9 2 8 5 6
7 9 5 2 6 1 4 8 3
2 6 8 3 4 7 5 1 9
3 4 1 5 8 9 7 6 2
```

APRIL DAY - 26 (Solution) — Insane
```
5 3 2 1 4 8 7 6 9
4 7 9 5 6 2 3 1 8
1 6 8 9 7 3 5 4 2
6 9 5 2 3 7 4 8 1
3 4 1 6 8 9 2 5 7
2 8 7 4 1 5 9 3 6
7 2 6 8 5 4 1 9 3
9 1 4 3 2 6 8 7 5
8 5 3 7 9 1 6 2 4
```

APRIL DAY - 27 (Solution) — Insane
```
9 4 7 5 6 1 3 8 2
8 1 3 2 7 4 6 9 5
2 5 6 9 8 3 1 7 4
3 6 8 4 2 9 5 1 7
7 9 1 3 5 6 2 4 8
4 2 5 7 1 8 9 6 3
1 3 9 8 4 5 7 2 6
5 8 2 6 9 7 4 3 1
6 7 4 1 3 2 8 5 9
```

APRIL DAY - 28 (Solution) — Insane
```
4 6 2 5 9 8 7 1 3
5 1 7 3 6 2 4 8 9
8 9 3 1 7 4 6 5 2
3 2 9 8 4 1 5 6 7
1 7 5 9 3 6 2 4 8
6 8 4 7 2 5 3 9 1
9 3 8 2 5 6 1 7 4
2 5 1 4 8 7 9 3 6
7 4 6 9 1 3 8 2 5
```

APRIL DAY - 29 (Solution) — Insane
```
4 6 1 9 5 2 3 8 7
2 5 3 1 7 8 4 9 6
7 8 9 4 3 6 1 2 5
3 2 8 5 6 1 9 7 4
6 7 4 2 9 3 8 5 1
1 9 5 7 8 4 2 6 3
9 4 6 8 1 5 7 3 2
5 1 7 3 2 9 6 4 8
8 3 2 6 4 7 5 1 9
```

APRIL DAY - 30 (Solution) — Insane
```
9 1 2 8 5 4 3 7 6
3 5 8 7 9 6 4 2 1
7 6 4 1 2 3 9 8 5
6 7 5 4 8 1 2 3 9
1 8 9 3 7 2 5 6 4
2 4 3 9 6 5 7 1 8
5 3 1 6 4 7 8 9 2
4 9 7 2 1 8 6 5 3
8 2 6 5 3 9 1 4 7
```

MAY DAY - 1 (Solution) — Very Hard
```
4 3 1 5 2 6 8 7 9
9 2 5 3 7 8 6 1 4
6 8 7 1 9 4 3 5 2
3 5 9 2 4 1 7 8 6
1 4 2 6 8 7 5 9 3
8 7 6 9 5 3 2 4 1
5 9 3 8 1 2 4 6 7
2 1 4 7 6 5 9 3 8
7 6 8 4 3 9 1 2 5
```

MAY DAY - 2 (Solution) — Very Hard
```
2 4 3 8 9 7 1 6 5
7 6 5 2 4 1 9 8 3
8 9 1 6 5 3 7 2 4
3 8 2 7 6 4 5 9 1
6 1 7 5 3 9 2 4 8
4 5 9 1 8 2 6 3 7
5 2 4 9 7 8 3 1 6
9 3 6 4 1 5 8 7 2
1 7 8 3 2 6 4 5 9
```

MAY DAY - 3 (Solution) — Very Hard
```
4 1 8 2 9 3 5 6 7
9 2 6 4 5 7 1 3 8
3 7 5 8 1 6 4 2 9
7 9 2 1 3 5 8 4 6
1 6 3 7 8 4 2 9 5
5 8 4 9 6 2 3 7 1
2 4 1 5 7 9 6 8 3
8 3 7 6 4 1 9 5 2
6 5 9 3 2 8 7 1 4
```

MAY DAY - 4 (Solution) — Very Hard
```
1 5 8 4 2 7 9 3 6
4 9 2 1 6 3 8 7 5
3 7 6 9 5 8 2 4 1
6 4 9 2 1 5 7 8 3
2 3 1 7 8 4 5 6 9
7 8 5 3 9 6 4 1 2
8 1 7 5 3 2 6 9 4
9 2 4 6 7 1 3 5 8
5 6 3 8 4 9 1 2 7
```

MAY DAY - 5 (Solution) — Very Hard
```
9 1 8 5 4 6 2 3 7
3 4 5 8 7 2 1 9 6
7 2 6 3 9 1 4 5 8
6 8 2 7 3 9 5 4 1
4 5 3 2 1 8 6 7 9
1 9 7 4 6 5 3 8 2
5 3 1 6 8 7 9 2 4
8 6 4 9 2 3 7 1 5
2 7 9 1 5 4 8 6 3
```

MAY DAY - 6 (Solution) — Very Hard
```
6 7 1 9 8 4 3 2 5
3 8 2 7 1 5 6 4 9
9 4 5 2 3 6 1 7 8
4 6 3 8 2 9 7 5 1
7 1 9 5 4 3 2 8 6
2 5 8 6 7 1 4 9 3
8 9 4 1 6 2 5 3 7
1 2 7 3 5 8 9 6 4
5 3 6 4 9 7 8 1 2
```

MAY DAY - 7 (Solution) — Very Hard
```
3 2 8 1 5 6 4 9 7
4 7 5 8 3 9 1 2 6
6 1 9 4 7 2 8 5 3
9 6 7 5 4 8 3 1 2
8 3 1 9 2 7 5 6 4
2 5 4 6 1 3 7 8 9
5 4 2 3 6 1 9 7 8
7 9 3 2 8 5 6 4 1
1 8 6 7 9 4 2 3 5
```

MAY DAY - 8 (Solution) — Very Hard
```
3 1 2 9 5 6 4 8 7
4 8 5 2 1 7 6 3 9
7 9 6 4 8 3 5 1 2
9 6 1 7 2 5 8 4 3
5 2 4 8 3 1 9 7 6
8 7 3 6 9 4 1 2 5
6 5 7 1 4 2 3 9 8
2 4 8 3 6 9 7 5 1
1 3 9 5 7 8 2 6 4
```

MAY DAY - 9 (Solution) — Very Hard
```
4 9 6 5 8 7 1 3 2
7 8 2 3 6 1 5 4 9
1 5 3 9 2 4 8 6 7
5 1 7 8 9 6 4 2 3
3 4 8 2 7 5 6 9 1
2 6 9 1 4 3 7 8 5
9 7 1 6 3 8 2 5 4
8 2 5 4 1 9 3 7 6
6 3 4 7 5 2 9 1 8
```

MAY DAY - 10 (Solution) — Very Hard
```
7 3 4 6 5 1 9 8 2
5 9 8 7 3 2 4 1 6
6 2 1 9 4 8 7 5 3
3 8 7 5 1 6 2 4 9
9 4 5 3 2 7 1 6 8
2 1 6 8 9 4 5 3 7
4 6 3 1 7 9 8 2 5
8 7 2 4 6 5 3 9 1
1 5 9 2 8 3 6 7 4
```

MAY DAY - 11 (Solution) — Very Hard
```
1 4 8 7 3 9 2 6 5
6 9 2 8 4 5 7 1 3
3 7 5 1 6 2 9 8 4
5 2 4 9 7 6 8 3 1
9 1 7 4 8 3 5 2 6
8 6 3 2 5 1 4 9 7
2 3 9 5 1 7 6 4 8
4 5 6 3 9 8 1 7 2
7 8 1 6 2 4 3 5 9
```

MAY DAY - 12 (Solution) — Very Hard
```
3 4 5 2 1 8 6 9 7
8 2 9 5 6 7 1 3 4
7 1 6 4 9 3 8 2 5
2 3 7 8 5 9 4 6 1
5 9 1 7 4 6 2 8 3
4 6 8 3 2 1 5 7 9
6 8 4 9 7 5 3 1 2
9 5 3 1 8 2 7 4 6
1 7 2 6 3 4 9 5 8
```

MAY DAY - 13 (Solution) — Very Hard
```
9 5 1 2 7 6 8 3 4
4 7 8 1 3 9 6 5 2
2 3 6 8 4 5 9 7 1
7 9 5 4 6 1 2 8 3
1 6 2 5 8 3 7 4 9
8 4 3 9 2 7 5 1 6
6 1 7 3 9 8 4 2 5
5 2 9 7 1 4 3 6 8
3 8 4 6 5 2 1 9 7
```

MAY DAY - 14 (Solution) — Very Hard
```
5 9 6 8 1 4 7 2 3
1 7 8 6 3 2 4 5 9
2 3 4 5 7 9 8 1 6
3 2 1 9 8 5 6 7 4
7 4 9 3 2 6 5 8 1
8 6 5 1 4 7 3 9 2
4 8 3 2 5 1 9 6 7
6 5 2 7 9 3 1 4 8
9 1 7 4 6 8 2 3 5
```

MAY DAY - 15 (Solution) — Very Hard
```
3 8 5 2 1 9 4 6 7
9 6 7 3 8 4 2 1 5
1 4 2 7 6 5 3 9 8
5 9 3 1 4 6 8 7 2
2 7 8 9 5 3 1 4 6
6 1 4 8 7 2 9 5 3
4 5 9 6 3 8 7 2 1
8 2 1 5 9 7 6 3 4
7 3 6 4 2 1 5 8 9
```

MAY DAY - 16 (Solution) — Insane
```
6 5 3 7 8 4 9 2 1
4 2 7 5 9 1 3 8 6
9 1 8 2 6 3 5 7 4
8 3 1 9 4 5 7 6 2
2 9 4 1 7 6 8 5 3
5 7 6 8 3 2 4 1 9
7 4 9 6 1 8 2 3 5
3 6 2 4 5 7 1 9 8
1 8 5 3 2 9 6 4 7
```

MAY DAY - 17 (Solution) — Insane
```
5 1 3 7 4 2 9 8 6
6 7 9 8 3 1 2 5 4
8 2 4 5 6 9 1 3 7
2 3 1 6 9 7 8 4 5
4 6 7 1 5 8 3 9 2
9 5 8 4 2 3 7 6 1
1 8 6 9 7 4 5 2 3
3 9 5 2 1 6 4 7 8
7 4 2 3 8 5 6 1 9
```

MAY DAY - 18 (Solution) — Insane
```
3 6 7 5 9 2 8 4 1
2 9 1 6 4 8 5 3 7
4 8 5 7 3 1 2 9 6
8 4 9 1 5 3 6 7 2
7 3 2 9 8 6 4 1 5
5 1 6 4 2 7 3 8 9
6 7 8 3 1 5 9 2 4
9 5 3 2 7 4 1 6 8
1 2 4 8 6 9 7 5 3
```

MAY DAY - 19 (Solution) — Insane
```
8 4 3 5 1 9 7 2 6
2 6 5 8 4 7 9 1 3
7 9 1 3 2 6 5 8 4
5 7 6 9 3 8 1 4 2
9 1 8 4 5 2 3 6 7
3 2 4 6 7 1 8 5 9
4 5 9 1 6 3 2 7 8
1 3 2 7 8 4 6 9 5
6 8 7 2 9 5 4 3 1
```

MAY DAY - 20 (Solution) — Insane
```
2 1 5 8 7 4 6 9 3
9 7 3 6 2 1 5 4 8
4 8 6 3 9 5 1 2 7
8 2 9 7 4 6 3 5 1
7 3 4 1 5 2 9 8 6
5 6 1 9 8 3 4 7 2
6 9 8 4 1 7 2 3 5
3 5 7 2 6 9 8 1 4
1 4 2 5 3 8 7 6 9
```

MAY DAY - 21 (Solution) — Insane
```
1 4 8 9 5 7 6 3 2
2 9 6 3 4 1 7 8 5
3 7 5 8 6 2 1 4 9
7 1 4 6 9 5 8 2 3
6 3 9 4 2 8 5 7 1
8 5 2 1 7 3 4 9 6
4 6 1 2 8 9 3 5 7
5 2 3 7 1 4 9 6 8
9 8 7 5 3 6 2 1 4
```

MAY DAY - 22 (Solution) — Insane
```
4 1 2 5 6 9 8 7 3
5 9 3 1 8 7 4 2 6
6 8 7 4 2 3 5 1 9
2 4 1 8 3 5 9 6 7
9 5 8 2 7 6 3 4 1
7 3 6 9 4 1 2 5 8
1 7 5 3 9 2 6 8 4
8 6 9 7 5 4 1 3 2
3 2 4 6 1 8 7 9 5
```

MAY DAY - 23 (Solution) — Insane
```
3 8 4 1 5 9 7 6 2
5 1 9 7 6 2 3 4 8
7 6 2 4 3 8 1 5 9
1 4 8 9 7 5 6 2 3
9 7 5 3 2 6 4 8 1
6 2 3 8 4 1 9 7 5
4 5 1 2 9 7 8 3 6
8 3 6 5 1 4 2 9 7
2 9 7 6 8 3 5 1 4
```

MAY DAY - 24 (Solution) — Insane
```
5 6 3 2 8 4 1 9 7
8 1 9 3 5 7 4 6 2
2 4 7 9 6 1 8 3 5
7 8 6 5 3 9 2 1 4
1 5 2 4 7 6 9 8 3
3 9 4 1 2 8 5 7 6
6 3 1 8 4 2 7 5 9
9 2 5 7 1 3 6 4 8
4 7 8 6 9 5 3 2 1
```

MAY DAY - 25 (Solution)

Insane

4	7	1	2	8	3	9	5	6
9	2	3	7	6	5	4	1	8
6	5	8	4	1	9	7	2	3
3	1	6	9	5	4	2	8	7
5	4	9	8	2	7	3	6	1
2	8	7	1	3	6	5	9	4
1	3	5	6	7	2	8	4	9
8	9	2	3	4	1	6	7	5
7	6	4	5	9	8	1	3	2

MAY DAY - 26 (Solution)

Insane

2	1	4	8	7	5	9	3	6
9	5	6	2	4	3	7	1	8
7	3	8	1	9	6	4	5	2
5	9	3	7	8	4	6	2	1
6	4	7	3	2	1	8	9	5
8	2	1	5	6	9	3	7	4
4	6	2	9	5	7	1	8	3
1	7	5	4	3	8	2	6	9
3	8	9	6	1	2	5	4	7

MAY DAY - 27 (Solution)

Insane

1	7	8	9	3	6	4	2	5
5	2	6	7	1	4	3	8	9
3	9	4	2	5	8	1	7	6
4	6	5	3	9	2	7	1	8
9	8	3	1	6	7	5	4	2
7	1	2	4	8	5	9	6	3
8	3	7	6	4	9	2	5	1
6	4	1	5	2	3	8	9	7
2	5	9	8	7	1	6	3	4

MAY DAY - 28 (Solution)

Insane

6	2	8	5	9	7	1	4	3
4	7	3	6	8	1	5	9	2
1	5	9	2	3	4	6	7	8
7	9	2	3	4	6	8	1	5
8	3	1	7	5	2	4	6	9
5	4	6	8	1	9	2	3	7
9	8	5	1	6	3	7	2	4
3	6	7	4	2	8	9	5	1
2	1	4	9	7	5	3	8	6

MAY DAY - 29 (Solution)

Insane

4	8	5	7	6	3	1	9	2
3	9	6	1	4	2	8	7	5
7	2	1	5	9	8	6	4	3
5	6	3	4	8	9	7	2	1
9	7	2	6	5	1	4	3	8
8	1	4	2	3	7	5	6	9
6	3	8	9	7	5	2	1	4
2	4	9	8	1	6	3	5	7
1	5	7	3	2	4	9	8	6

MAY DAY - 30 (Solution)

Insane

1	7	9	4	5	2	3	6	8
3	2	5	7	6	8	9	4	1
8	6	4	9	3	1	2	5	7
4	9	1	5	8	7	6	3	2
2	8	7	3	9	6	5	1	4
6	5	3	1	2	4	7	8	9
7	3	6	8	4	9	1	2	5
9	4	2	6	1	5	8	7	3
5	1	8	2	7	3	4	9	6

MAY DAY - 31 (Solution)

Insane

9	3	4	2	7	1	6	5	8
6	8	7	3	4	5	1	2	9
1	2	5	9	6	8	7	4	3
3	5	1	6	8	7	2	9	4
2	7	8	4	5	9	3	6	1
4	9	6	1	3	2	8	7	5
5	1	9	7	2	3	4	8	6
7	6	3	8	9	4	5	1	2
8	4	2	5	1	6	9	3	7

JUNE DAY - 1 (Solution)

Very Hard

2	1	8	3	5	9	7	6	4
7	3	9	8	4	6	1	5	2
5	6	4	1	2	7	8	9	3
8	2	5	4	9	1	6	3	7
1	9	6	7	3	5	2	4	8
3	4	7	6	8	2	5	1	9
4	5	2	9	6	8	3	7	1
6	7	3	2	1	4	9	8	5
9	8	1	5	7	3	4	2	6

JUNE DAY - 2 (Solution)

Very Hard

9	5	2	4	1	3	7	8	6
4	3	8	2	6	7	1	9	5
6	7	1	9	5	8	4	3	2
1	2	7	3	4	5	8	6	9
5	9	4	1	8	6	3	2	7
3	8	6	7	9	2	5	1	4
2	1	9	5	3	4	6	7	8
8	4	3	6	7	9	2	5	1
7	6	5	8	2	1	9	4	3

JUNE DAY - 3 (Solution)

Very Hard

1	7	2	8	4	6	9	3	5
8	6	9	7	5	3	4	2	1
4	5	3	9	2	1	6	7	8
5	3	1	6	7	8	2	9	4
9	4	8	2	3	5	1	6	7
6	2	7	1	9	4	8	5	3
3	8	5	4	6	9	7	1	2
2	9	4	5	1	7	3	8	6
7	1	6	3	8	2	5	4	9

JUNE DAY - 4 (Solution)

Very Hard

5	4	6	9	2	1	7	8	3
9	1	2	7	8	3	6	4	5
3	8	7	6	5	4	1	9	2
2	6	4	1	9	5	8	3	7
1	9	3	4	7	8	5	2	6
8	7	5	3	6	2	9	1	4
6	2	9	8	4	7	3	5	1
4	3	8	5	1	6	2	7	9
7	5	1	2	3	9	4	6	8

JUNE DAY - 5 (Solution)

Very Hard

1	4	5	2	9	7	3	8	6
8	2	7	6	1	3	9	4	5
3	6	9	5	8	4	7	2	1
5	9	4	3	2	8	1	6	7
7	8	3	4	6	1	5	9	2
2	1	6	9	7	5	4	3	8
4	3	8	1	5	6	2	7	9
6	5	2	7	4	9	8	1	3
9	7	1	8	3	2	6	5	4

JUNE DAY - 6 (Solution)

Very Hard

8	7	9	2	5	6	1	3	4
1	4	5	9	3	7	6	2	8
6	2	3	4	1	8	7	9	5
3	6	7	8	9	1	5	4	2
2	1	4	5	6	3	8	7	9
5	9	8	7	2	4	3	6	1
4	3	6	1	8	2	9	5	7
9	8	2	6	7	5	4	1	3
7	5	1	3	4	9	2	8	6

JUNE DAY - 7 (Solution)

Very Hard

6	3	8	4	7	5	1	9	2
7	9	4	6	2	1	5	8	3
2	5	1	3	8	9	4	6	7
3	4	5	8	6	7	2	1	9
8	6	9	1	4	2	3	7	5
1	2	7	5	9	3	8	4	6
9	8	3	7	5	4	6	2	1
4	1	2	9	3	6	7	5	8
5	7	6	2	1	8	9	3	4

JUNE DAY - 8 (Solution)

Very Hard

4	9	2	8	3	5	7	1	6
8	6	7	1	9	2	5	4	3
5	1	3	7	6	4	8	2	9
3	5	9	2	1	7	4	6	8
6	8	1	3	4	9	2	5	7
7	2	4	6	5	8	9	3	1
1	4	5	9	7	6	3	8	2
9	3	8	5	2	1	6	7	4
2	7	6	4	8	3	1	9	5

JUNE DAY - 9 (Solution)

Very Hard

6	8	2	3	7	5	4	1	9
5	7	9	8	1	4	6	3	2
1	4	3	9	2	6	5	8	7
4	5	7	1	3	2	8	9	6
9	1	6	5	4	8	7	2	3
3	2	8	7	6	9	1	4	5
8	9	1	2	5	7	3	6	4
7	3	4	6	9	1	2	5	8
2	6	5	4	8	3	9	7	1

JUNE DAY - 10 (Solution)

Very Hard

5	4	2	1	3	8	6	9	7
8	3	1	9	7	6	4	2	5
6	7	9	2	5	4	1	3	8
2	1	7	4	8	5	9	6	3
3	8	4	6	2	9	5	7	1
9	6	5	3	1	7	8	4	2
1	9	3	8	6	2	7	5	4
7	2	6	5	4	1	3	8	9
4	5	8	7	9	3	2	1	6

JUNE DAY - 11 (Solution)

Very Hard

5	1	4	8	9	3	6	2	7
6	7	2	1	4	5	9	3	8
9	8	3	2	6	7	4	5	1
7	4	6	9	1	2	5	8	3
8	2	5	6	3	4	1	7	9
1	3	9	5	7	8	2	6	4
3	9	1	7	2	6	8	4	5
2	5	7	4	8	9	3	1	6
4	6	8	3	5	1	7	9	2

JUNE DAY - 12 (Solution)

Very Hard

2	9	1	8	4	5	3	7	6
4	7	3	1	2	6	8	5	9
8	5	6	3	7	9	4	2	1
3	1	2	6	9	4	7	8	5
5	6	7	2	3	8	1	9	4
9	8	4	5	1	7	2	6	3
1	2	8	9	5	3	6	4	7
7	3	5	4	6	2	9	1	8
6	4	9	7	8	1	5	3	2

JUNE DAY - 13 (Solution)

Very Hard

5	3	9	1	2	6	7	8	4
6	8	4	9	3	7	5	1	2
1	2	7	8	4	5	3	6	9
3	7	8	5	6	9	2	4	1
4	1	5	3	8	2	6	9	7
2	9	6	7	1	4	8	3	5
7	5	3	6	9	1	4	2	8
8	4	1	2	5	3	9	7	6
9	6	2	4	7	8	1	5	3

JUNE DAY - 14 (Solution)

Very Hard

4	7	6	1	5	9	2	3	8
2	5	9	3	6	8	1	7	4
1	3	8	2	4	7	6	5	9
9	6	4	8	2	3	5	1	7
7	8	5	4	1	6	3	9	2
3	1	2	7	9	5	4	8	6
8	4	7	6	3	1	9	2	5
6	9	1	5	7	2	8	4	3
5	2	3	9	8	4	7	6	1

JUNE DAY - 15 (Solution)

Very Hard

8	7	6	9	3	4	2	5	1
4	3	1	2	8	5	6	9	7
5	2	9	1	7	6	3	4	8
6	8	4	7	2	3	5	1	9
1	9	7	5	6	8	4	3	2
2	5	3	4	1	9	7	8	6
7	6	8	3	5	1	9	2	4
9	1	5	6	4	2	8	7	3
3	4	2	8	9	7	1	6	5

JUNE DAY - 16 (Solution)

Insane

4	1	5	3	2	6	8	7	9
3	8	2	9	1	7	5	6	4
6	7	9	4	8	5	2	1	3
2	4	7	5	6	3	9	8	1
8	9	6	1	7	4	3	2	5
1	5	3	8	9	2	6	4	7
7	3	1	2	5	8	4	9	6
9	2	4	6	3	1	7	5	8
5	6	8	7	4	9	1	3	2

JUNE DAY - 17 (Solution)

Insane

1	2	8	9	5	3	4	7	6
6	3	7	8	2	4	1	9	5
5	9	4	1	6	7	3	2	8
4	5	1	2	7	6	9	8	3
3	6	2	5	9	8	7	1	4
7	8	9	4	3	1	6	5	2
9	4	6	7	8	2	5	3	1
8	1	5	3	4	9	2	6	7
2	7	3	6	1	5	8	4	9

JUNE DAY - 18 (Solution)

```
8 9 1 6 2 3 7 4 5
5 4 3 8 7 1 6 9 2
2 7 6 5 4 9 3 8 1
4 2 7 1 6 5 8 3 9
9 1 8 7 3 4 5 2 6
6 3 5 9 8 2 1 7 4
3 6 9 2 1 7 4 5 8
1 5 4 3 9 8 2 6 7
7 8 2 4 5 6 9 1 3
```

JUNE DAY - 19 (Solution)

```
8 7 9 3 6 2 4 1 5
6 3 4 5 7 1 2 9 8
2 5 1 4 9 8 7 6 3
1 4 2 6 3 9 8 5 7
7 9 3 1 8 5 6 4 2
5 8 6 2 4 7 9 3 1
9 2 5 7 1 4 3 8 6
4 6 7 8 5 3 1 2 9
3 1 8 9 2 6 5 7 4
```

JUNE DAY - 20 (Solution)

```
8 4 1 6 7 5 3 9 2
3 2 6 9 8 1 5 4 7
7 5 9 2 4 3 8 1 6
2 3 4 7 6 8 1 5 9
1 6 5 4 3 9 7 2 8
9 8 7 5 1 2 6 3 4
6 7 3 1 9 4 2 8 5
4 1 2 8 5 6 9 7 3
5 9 8 3 2 7 4 6 1
```

JUNE DAY - 21 (Solution)

```
5 1 6 2 3 8 4 9 7
8 9 7 1 5 4 2 3 6
3 4 2 9 6 7 5 1 8
6 8 4 3 9 5 7 2 1
7 5 1 4 8 2 3 6 9
9 2 3 7 1 6 8 5 4
2 7 9 6 4 3 1 8 5
4 6 8 5 2 1 9 7 3
1 3 5 8 7 9 6 4 2
```

JUNE DAY - 22 (Solution)

```
9 5 7 1 3 4 6 8 2
6 2 4 5 9 8 7 3 1
8 1 3 6 2 7 4 5 9
4 9 5 8 6 3 1 2 7
7 6 1 2 4 5 3 9 8
3 8 2 7 1 9 5 6 4
2 4 6 9 5 1 8 7 3
5 3 8 4 7 2 9 1 6
1 7 9 3 8 6 2 4 5
```

JUNE DAY - 23 (Solution)

```
1 4 7 8 6 5 3 9 2
3 8 9 2 7 1 5 6 4
6 2 5 3 9 4 7 8 1
9 7 2 5 4 6 1 3 8
4 6 1 9 3 8 2 5 7
5 3 8 1 2 7 6 4 9
8 1 3 7 5 9 4 2 6
7 5 6 4 8 2 9 1 3
2 9 4 6 1 3 8 7 5
```

JUNE DAY - 24 (Solution)

```
9 3 2 6 1 5 8 7 4
7 1 5 8 2 4 9 3 6
8 6 4 7 3 9 1 5 2
6 9 3 1 4 8 5 2 7
5 2 8 9 6 7 4 1 3
4 7 1 3 5 2 6 9 8
2 5 9 4 8 3 7 6 1
1 4 7 2 9 6 3 8 5
3 8 6 5 7 1 2 4 9
```

JUNE DAY - 25 (Solution)

```
1 5 9 2 4 8 3 7 6
8 4 6 1 3 7 9 2 5
3 2 7 6 9 5 1 4 8
4 6 8 9 7 3 5 1 2
2 7 1 5 8 6 4 9 3
5 9 3 4 2 1 6 8 7
6 8 2 3 1 4 7 5 9
7 1 5 8 6 9 2 3 4
9 3 4 7 5 2 8 6 1
```

JUNE DAY - 26 (Solution)

```
3 8 2 7 4 6 5 1 9
9 5 1 8 2 3 7 6 4
4 6 7 5 9 1 2 8 3
6 9 5 2 8 7 4 3 1
2 7 8 3 1 4 6 9 5
1 3 4 9 6 5 8 2 7
8 1 9 4 5 2 3 7 6
5 2 3 6 7 9 1 4 8
7 4 6 1 3 8 9 5 2
```

JUNE DAY - 27 (Solution)

```
4 9 3 7 6 5 8 1 2
2 5 8 3 4 1 9 7 6
6 7 1 8 2 9 3 4 5
3 1 4 2 8 7 5 6 9
8 6 9 5 1 3 7 2 4
7 2 5 6 9 4 1 8 3
9 8 7 4 5 2 6 3 1
1 4 6 9 3 8 2 5 7
5 3 2 1 7 6 4 9 8
```

JUNE DAY - 28 (Solution)

```
8 1 4 5 3 9 6 2 7
9 6 7 4 8 2 5 3 1
2 3 5 1 6 7 8 4 9
4 9 3 7 5 8 2 1 6
1 7 2 9 4 6 3 8 5
6 5 8 3 2 1 9 7 4
7 8 1 6 9 3 4 5 2
3 4 9 2 1 5 7 6 8
5 2 6 8 7 4 1 9 3
```

JUNE DAY - 29 (Solution)

```
7 2 8 4 9 6 5 1 3
4 9 3 5 2 1 8 6 7
1 6 5 7 8 3 9 2 4
6 5 7 1 4 9 2 3 8
9 8 2 3 5 7 6 4 1
3 1 4 2 6 8 7 5 9
8 4 1 6 7 2 3 9 5
2 3 9 8 1 5 4 7 6
5 7 6 9 3 4 1 8 2
```

JUNE DAY - 30 (Solution)

```
1 6 2 8 7 9 5 4 3
4 7 3 6 5 1 2 9 8
5 8 9 3 2 4 7 1 6
9 5 8 1 3 6 4 7 2
2 3 4 9 8 7 6 5 1
6 1 7 5 4 2 8 3 9
7 9 5 2 6 3 1 8 4
3 4 6 7 1 8 9 2 5
8 2 1 4 9 5 3 6 7
```

JULY DAY - 1 (Solution)

```
2 9 3 5 1 8 6 7 4
6 1 5 9 7 4 8 2 3
4 7 8 3 6 2 5 9 1
3 2 7 1 4 6 9 8 5
9 5 4 8 3 7 1 6 2
8 6 1 2 9 5 4 3 7
7 8 9 4 5 3 2 1 6
1 4 6 7 2 9 3 5 8
5 3 2 6 8 1 7 4 9
```

JULY DAY - 2 (Solution)

```
9 4 5 3 2 8 1 6 7
1 7 8 4 9 6 5 2 3
2 3 6 1 7 5 9 4 8
5 2 9 8 4 1 3 7 6
7 8 3 2 6 9 4 5 1
4 6 1 5 3 7 2 8 9
6 5 4 7 1 3 8 9 2
3 9 2 6 8 4 7 1 5
8 1 7 9 5 2 6 3 4
```

JULY DAY - 3 (Solution)

```
3 9 4 2 5 6 1 7 8
6 5 7 9 1 8 4 3 2
1 8 2 4 3 7 9 5 6
8 7 1 5 2 4 3 6 9
5 2 6 7 9 3 8 4 1
9 4 3 6 8 1 5 2 7
4 6 5 1 7 9 2 8 3
7 3 9 8 4 2 6 1 5
2 1 8 3 6 5 7 9 4
```

JULY DAY - 4 (Solution)

```
2 3 4 1 7 5 8 6 9
7 9 5 8 3 6 4 1 2
8 6 1 2 4 9 3 7 5
5 2 8 9 1 7 6 3 4
6 7 9 4 2 3 5 8 1
1 4 3 6 5 8 9 2 7
3 5 2 7 6 4 1 9 8
9 1 6 5 8 2 7 4 3
4 8 7 3 9 1 2 5 6
```

JULY DAY - 5 (Solution)

```
7 6 4 5 9 2 1 3 8
5 8 1 3 4 6 2 9 7
9 3 2 1 7 8 6 4 5
8 5 6 7 1 9 4 2 3
1 7 3 8 2 4 9 5 6
2 4 9 6 3 5 8 7 1
3 9 7 2 8 1 5 6 4
4 1 5 9 6 3 7 8 2
6 2 8 4 5 7 3 1 9
```

JULY DAY - 6 (Solution)

```
3 2 6 4 5 8 7 9 1
8 4 5 1 9 7 2 6 3
9 7 1 3 6 2 4 8 5
1 9 8 7 2 4 5 3 6
5 3 7 9 8 6 1 4 2
4 6 2 5 3 1 8 7 9
7 8 3 2 1 9 6 5 4
2 5 4 6 7 3 9 1 8
6 1 9 8 4 5 3 2 7
```

JULY DAY - 7 (Solution)

```
6 3 5 8 2 4 1 7 9
9 8 4 3 7 1 5 6 2
7 2 1 5 9 6 4 8 3
4 6 8 1 5 2 3 9 7
3 7 9 6 4 8 2 5 1
5 1 2 9 3 7 6 4 8
1 5 6 7 8 3 9 2 4
2 9 7 4 1 5 8 3 6
8 4 3 2 6 9 7 1 5
```

JULY DAY - 8 (Solution)

```
1 2 4 3 8 6 9 7 5
5 6 7 1 4 9 8 2 3
3 8 9 2 7 5 4 1 6
7 9 1 4 5 3 6 8 2
8 4 3 6 9 2 7 5 1
2 5 6 7 1 8 3 4 9
6 3 8 5 2 4 1 9 7
4 1 5 9 6 7 2 3 8
9 7 2 8 3 1 5 6 4
```

JULY DAY - 9 (Solution)

```
2 7 9 8 4 6 3 5 1
8 1 4 5 3 9 7 6 2
3 5 6 7 1 2 4 9 8
1 9 8 2 7 5 6 4 3
7 4 2 9 6 3 8 1 5
5 6 3 4 8 1 2 7 9
4 2 7 1 5 8 9 3 6
6 8 1 3 9 4 5 2 7
9 3 5 6 2 7 1 8 4
```

JULY DAY - 10 (Solution)

```
8 6 5 4 2 1 7 9 3
9 4 3 7 8 5 2 6 1
1 7 2 6 9 3 4 5 8
7 3 6 9 4 2 8 1 5
2 5 1 3 6 8 9 7 4
4 9 8 5 1 7 6 3 2
6 2 4 1 3 9 5 8 7
3 8 7 2 5 6 1 4 9
5 1 9 8 7 4 3 2 6
```

JULY DAY - 11 (Solution)

```
6 5 3 9 2 7 4 1 8
7 9 8 6 4 1 2 3 5
2 4 1 5 3 8 9 7 6
3 6 9 7 1 2 8 5 4
8 1 5 3 9 4 7 6 2
4 7 2 8 5 6 3 9 1
9 3 4 1 8 5 6 2 7
1 2 6 4 7 3 5 8 9
5 8 7 2 6 9 1 4 3
```

JULY DAY - 12 (Solution)
Very Hard

```
1 2 3 7 8 9 6 4 5
5 4 8 3 2 6 7 1 9
6 7 9 4 1 5 2 3 8
7 6 4 2 5 3 8 9 1
3 1 5 6 9 8 4 7 2
9 8 2 1 4 7 3 5 6
4 3 1 9 6 2 5 8 7
8 9 6 5 7 4 1 2 3
2 5 7 8 3 1 9 6 4
```

JULY DAY - 13 (Solution)

```
9 1 5 4 6 3 7 8 2
8 6 3 5 7 2 1 4 9
4 7 2 8 9 1 5 6 3
5 8 9 1 2 6 3 7 4
2 3 6 9 4 7 8 1 5
7 4 1 3 8 5 9 2 6
1 5 7 2 3 4 6 9 8
3 2 8 6 1 9 4 5 7
6 9 4 7 5 8 2 3 1
```

JULY DAY - 14 (Solution)

```
2 5 3 9 8 4 1 6 7
1 4 8 6 2 7 3 5 9
7 6 9 1 5 3 8 2 4
9 1 6 2 7 8 4 3 5
3 7 5 4 6 1 2 9 8
8 2 4 5 3 9 7 1 6
6 8 1 3 4 5 9 7 2
4 9 2 7 1 6 5 8 3
5 3 7 8 9 2 6 4 1
```

JULY DAY - 15 (Solution)

```
1 9 2 3 5 8 4 7 6
8 5 4 1 7 6 3 9 2
3 6 7 2 4 9 5 8 1
2 4 1 6 9 5 8 3 7
5 7 6 8 3 4 2 1 9
9 3 8 7 2 1 6 4 5
6 1 9 5 8 3 7 2 4
4 2 3 9 6 7 1 5 8
7 8 5 4 1 2 9 6 3
```

JULY DAY - 16 (Solution)
Insane

```
9 8 6 1 7 5 3 2 4
5 1 7 3 4 2 8 6 9
3 4 2 8 9 6 7 5 1
2 5 1 4 8 3 6 9 7
7 9 3 2 6 1 5 4 8
8 6 4 7 5 9 2 1 3
6 7 5 9 3 4 1 8 2
1 3 9 5 2 8 4 7 6
4 2 8 6 1 7 9 3 5
```

JULY DAY - 17 (Solution)

```
7 1 9 4 8 3 6 5 2
5 8 3 6 9 2 7 4 1
6 2 4 1 5 7 3 8 9
4 9 5 8 6 1 2 7 3
8 6 7 2 3 9 5 1 4
1 3 2 5 7 4 9 6 8
2 7 8 3 1 5 4 9 6
3 5 6 9 4 8 1 2 7
9 4 1 7 2 6 8 3 5
```

JULY DAY - 18 (Solution)

```
6 3 1 4 5 2 9 8 7
4 8 5 7 6 9 3 2 1
9 2 7 3 8 1 4 5 6
3 7 6 9 2 5 8 1 4
8 9 2 6 1 4 5 7 3
5 1 4 8 3 7 6 9 2
1 6 9 2 4 8 7 3 5
2 4 8 5 7 3 1 6 9
7 5 3 1 9 6 2 4 8
```

JULY DAY - 19 (Solution)

```
1 4 3 6 7 5 9 8 2
2 7 5 1 8 9 3 4 6
8 6 9 4 2 3 1 5 7
6 8 4 9 3 1 2 7 5
5 2 1 8 6 7 4 3 9
3 9 7 2 5 4 6 1 8
9 5 8 3 4 6 7 2 1
4 1 2 7 9 8 5 6 3
7 3 6 5 1 2 8 9 4
```

JULY DAY - 20 (Solution)
Insane

```
2 3 7 8 9 5 1 6 4
1 5 4 2 7 6 3 9 8
6 8 9 3 4 1 2 5 7
7 1 5 4 3 2 6 8 9
3 2 6 5 8 9 4 7 1
9 4 8 1 6 7 5 3 2
8 6 1 7 5 4 9 2 3
5 7 2 9 1 3 8 4 6
4 9 3 6 2 8 7 1 5
```

JULY DAY - 21 (Solution)

```
7 3 9 8 4 1 2 5 6
4 1 2 5 7 6 9 3 8
5 8 6 3 2 9 4 1 7
1 2 8 6 9 5 7 4 3
9 5 7 2 3 4 6 8 1
3 6 4 1 8 7 5 9 2
8 9 5 7 6 3 1 2 4
2 7 1 4 5 8 3 6 9
6 4 3 9 1 2 8 7 5
```

JULY DAY - 22 (Solution)

```
1 5 7 2 8 4 3 9 6
9 3 8 5 7 6 4 2 1
4 2 6 1 3 9 5 8 7
2 7 9 6 5 1 8 3 4
8 6 3 4 2 7 9 1 5
5 1 4 8 9 3 7 6 2
7 9 5 3 1 2 6 4 8
3 4 1 7 6 8 2 5 9
6 8 2 9 4 5 1 7 3
```

JULY DAY - 23 (Solution)

```
3 1 6 2 9 7 8 4 5
7 2 8 5 1 4 9 6 3
4 5 9 6 3 8 1 7 2
5 3 7 1 4 2 6 9 8
9 6 2 8 7 5 4 3 1
8 4 1 3 6 9 2 5 7
2 9 3 4 5 1 7 8 6
1 7 5 9 8 6 3 2 4
6 8 4 7 2 3 5 1 9
```

JULY DAY - 24 (Solution)
Insane

```
4 1 5 6 7 3 8 9 2
6 9 8 5 2 4 1 7 3
7 2 3 8 9 1 5 4 6
2 3 4 7 6 5 9 8 1
8 6 1 4 3 9 7 2 5
5 7 9 2 1 8 3 6 4
3 4 7 9 5 6 2 1 8
9 5 6 1 8 2 4 3 7
1 8 2 3 4 7 6 5 9
```

JULY DAY - 25 (Solution)

```
8 9 6 7 2 3 1 5 4
1 2 5 4 8 6 7 3 9
4 7 3 5 1 9 6 2 8
6 3 1 8 9 5 4 7 2
5 4 7 3 6 2 9 8 1
2 8 9 1 7 4 3 6 5
3 5 2 6 4 1 8 9 7
9 1 8 2 3 7 5 4 6
7 6 4 9 5 8 2 1 3
```

JULY DAY - 26 (Solution)

```
1 7 4 2 8 3 6 5 9
6 9 8 7 4 5 2 3 1
5 2 3 6 9 1 8 7 4
7 1 5 9 6 2 3 4 8
4 3 9 1 7 8 5 6 2
2 8 6 3 5 4 9 1 7
3 6 7 4 2 9 1 8 5
9 5 1 8 3 7 4 2 6
8 4 2 5 1 6 7 9 3
```

JULY DAY - 27 (Solution)

```
4 3 5 7 2 8 1 9 6
2 6 9 4 1 5 8 3 7
1 8 7 6 3 9 5 4 2
7 2 4 5 9 6 3 1 8
9 1 6 3 8 4 2 7 5
3 5 8 2 7 1 4 6 9
8 4 1 9 6 2 7 5 3
5 9 3 8 4 7 6 2 1
6 7 2 1 5 3 9 8 4
```

JULY DAY - 28 (Solution)
Insane

```
3 4 9 5 6 1 2 8 7
5 8 7 4 2 9 3 6 1
6 1 2 3 8 7 4 9 5
1 2 3 6 5 4 8 7 9
7 9 5 8 1 3 6 2 4
8 6 4 7 9 2 1 5 3
4 3 6 2 7 5 9 1 8
9 5 8 1 3 6 7 4 2
2 7 1 9 4 8 5 3 6
```

JULY DAY - 29 (Solution)

```
8 5 4 1 6 7 3 9 2
7 6 3 8 2 9 5 1 4
1 9 2 4 3 5 7 8 6
5 1 9 3 4 6 2 7 8
4 7 8 2 9 1 6 5 3
3 2 6 5 7 8 1 4 9
9 3 7 6 5 4 8 2 1
2 8 5 9 1 3 4 6 7
6 4 1 7 8 2 9 3 5
```

JULY DAY - 30 (Solution)

```
6 1 8 9 2 3 4 7 5
3 7 4 8 6 5 2 1 9
9 2 5 1 4 7 6 8 3
1 9 3 7 8 6 5 4 2
5 4 2 3 1 9 7 6 8
8 6 7 2 5 4 9 3 1
4 3 6 5 9 1 8 2 7
2 5 1 6 7 8 3 9 4
7 8 9 4 3 2 1 5 6
```

JULY DAY - 31 (Solution)
Insane

```
1 5 9 4 2 7 3 8 6
4 2 7 8 3 6 9 5 1
6 8 3 5 9 1 4 2 7
2 7 6 3 1 5 8 9 4
9 3 5 7 8 4 6 1 2
8 1 4 2 6 9 7 3 5
3 6 8 1 7 2 5 4 9
5 9 2 6 4 8 1 7 3
7 4 1 9 5 3 2 6 8
```

AUGUST DAY - 1 (Solution)
Very Hard

```
4 3 1 2 6 9 7 8 5
8 2 7 4 1 5 6 9 3
5 9 6 3 7 8 2 4 1
1 7 2 6 5 4 9 3 8
9 8 5 7 2 3 1 6 4
6 4 3 8 9 1 5 7 2
7 5 4 1 8 6 3 2 9
2 1 8 9 3 7 4 5 6
3 6 9 5 4 2 8 1 7
```

AUGUST DAY - 2 (Solution)
Very Hard

```
8 6 4 2 7 9 3 5 1
9 7 2 3 1 5 6 8 4
5 3 1 6 8 4 7 2 9
2 5 8 4 6 1 9 3 7
1 9 7 8 3 2 4 6 5
6 4 3 9 5 7 2 1 8
3 1 9 7 2 8 5 4 6
4 8 6 5 9 3 1 7 2
7 2 5 1 4 6 8 9 3
```

AUGUST DAY - 3 (Solution)
Very Hard

```
7 1 3 9 5 8 4 2 6
8 5 6 3 2 4 9 7 1
9 4 2 7 6 1 3 8 5
1 2 9 4 3 5 8 6 7
3 6 8 1 9 7 2 5 4
5 7 4 2 8 6 1 3 9
6 9 5 8 1 3 7 4 2
2 3 5 6 4 9 7 4 8
4 8 1 5 7 3 6 9 2
```

AUGUST DAY - 4 (Solution)
Very Hard

```
9 5 2 4 1 3 7 6 8
3 8 4 5 6 7 9 1 2
6 1 7 8 2 9 3 4 5
4 9 3 6 8 5 1 2 7
2 6 8 3 7 1 5 9 4
5 7 1 9 4 2 6 8 3
8 4 5 1 3 6 2 7 9
7 3 6 2 9 8 4 5 1
1 2 9 7 5 8 4 3 6
```

72

AUGUST DAY - 5 (Solution) — Very Hard

2	3	6	1	5	7	8	4	9
5	8	9	3	2	4	7	1	6
1	7	4	6	9	8	3	2	5
6	4	8	5	7	2	9	3	1
9	5	1	8	4	3	2	6	7
3	2	7	9	6	1	4	5	8
8	9	2	4	1	5	6	7	3
4	1	3	7	8	6	5	9	2
7	6	5	2	3	9	1	8	4

AUGUST DAY - 6 (Solution) — Very Hard

7	8	1	3	9	4	2	5	6
2	3	9	8	6	5	7	1	4
5	4	6	2	7	1	8	3	9
6	9	4	7	3	8	1	2	5
3	1	5	4	2	9	6	8	7
8	2	7	1	5	6	9	4	3
9	5	8	6	1	3	4	7	2
1	7	3	9	4	2	5	6	8
4	6	2	5	8	7	3	9	1

AUGUST DAY - 7 (Solution) — Very Hard

9	5	7	1	2	6	4	3	8
4	8	1	9	5	3	7	6	2
3	2	6	4	8	7	1	5	9
5	4	9	7	6	2	3	8	1
1	6	2	3	4	8	5	9	7
7	3	8	5	9	1	2	4	6
6	1	3	8	7	5	9	2	4
2	9	5	6	1	4	8	7	3
8	7	4	2	3	9	6	1	5

AUGUST DAY - 8 (Solution) — Very Hard

5	4	8	3	7	1	9	2	6
1	9	7	4	2	6	5	8	3
3	2	6	9	8	5	4	1	7
8	6	9	7	1	2	3	4	5
7	3	2	8	5	4	1	6	9
4	1	5	6	9	3	2	7	8
6	5	1	2	3	8	7	9	4
2	7	4	5	6	9	8	3	1
9	8	3	1	4	7	6	5	2

AUGUST DAY - 9 (Solution) — Very Hard

8	3	7	2	1	9	6	5	4
9	1	5	6	7	4	8	2	3
6	4	2	8	3	5	1	9	7
7	5	1	9	8	2	4	3	6
3	8	4	1	5	6	2	7	9
2	6	9	3	4	7	5	1	8
5	9	6	4	2	3	7	8	1
1	7	3	5	6	8	9	4	2
4	2	8	7	9	1	3	6	5

AUGUST DAY - 10 (Solution) — Very Hard

8	7	6	9	3	1	5	2	4
1	2	4	5	8	7	9	6	3
9	3	5	2	4	6	7	8	1
7	6	8	4	1	3	2	5	9
2	4	1	8	5	9	6	3	7
3	5	9	6	7	2	1	4	8
6	8	2	1	9	4	3	7	5
5	1	3	7	6	8	4	9	2
4	9	7	3	2	5	8	1	6

AUGUST DAY - 11 (Solution) — Very Hard

4	3	9	2	7	6	1	8	5
1	5	2	4	3	8	6	7	9
8	7	6	9	5	1	2	4	3
2	4	5	3	1	7	8	9	6
7	6	1	5	8	9	3	2	4
3	9	8	6	4	2	7	5	1
5	1	3	7	2	4	9	6	8
9	2	4	8	6	3	5	1	7
6	8	7	1	9	5	4	3	2

AUGUST DAY - 12 (Solution) — Very Hard

8	4	5	1	2	6	7	3	9
1	9	2	5	3	7	4	6	8
3	7	6	9	8	4	5	2	1
2	6	1	8	4	9	3	7	5
9	3	8	2	7	5	1	4	6
4	5	7	3	6	1	8	9	2
5	8	3	7	9	2	6	1	4
6	1	9	4	5	3	2	8	7
7	2	4	6	1	8	9	5	3

AUGUST DAY - 13 (Solution) — Very Hard

2	3	9	4	6	1	5	7	8
4	6	1	7	8	5	2	3	9
8	5	7	2	9	3	4	1	6
3	9	5	6	4	2	1	8	7
6	2	8	9	1	7	3	4	5
1	7	4	3	5	8	9	6	2
9	8	6	5	3	4	7	2	1
7	1	3	8	2	9	6	5	4
5	4	2	1	7	6	8	9	3

AUGUST DAY - 14 (Solution) — Very Hard

7	1	3	5	6	9	2	4	8
2	6	9	4	1	8	5	7	3
5	8	4	7	2	3	6	9	1
4	5	8	9	7	6	3	1	2
1	3	7	2	5	4	9	8	6
6	9	2	3	8	1	4	5	7
9	4	1	6	3	7	8	2	5
3	7	5	8	4	2	1	6	9
8	2	6	1	9	5	7	3	4

AUGUST DAY - 15 (Solution) — Very Hard

5	8	1	3	4	9	6	7	2
6	7	2	1	5	8	3	9	4
3	4	9	2	7	6	8	5	1
9	5	7	8	3	4	1	2	6
8	6	4	7	2	1	5	3	9
1	2	3	9	6	5	7	4	8
7	3	8	4	1	2	9	6	5
2	1	6	5	9	3	4	8	7
4	9	5	6	8	7	2	1	3

AUGUST DAY - 16 (Solution) — Insane

8	7	5	9	1	6	2	4	3
6	4	9	7	3	2	8	5	1
2	3	1	4	8	5	7	9	6
1	6	2	3	5	8	4	7	9
7	5	4	1	2	9	6	3	8
9	8	3	6	7	4	1	2	5
5	9	8	2	6	7	3	1	4
4	1	7	8	9	3	5	6	2
3	2	6	5	4	1	9	8	7

AUGUST DAY - 17 (Solution) — Insane

1	8	6	9	4	5	3	2	7
4	2	3	8	7	6	9	1	5
9	5	7	2	1	3	4	6	8
2	6	8	1	9	7	5	4	3
3	4	1	5	2	8	6	7	9
7	9	5	3	6	4	1	8	2
8	3	4	7	5	1	2	9	6
5	1	2	6	8	9	7	3	4
6	7	9	4	3	2	8	5	1

AUGUST DAY - 18 (Solution) — Insane

9	3	5	2	8	6	1	7	4
2	1	7	5	9	4	8	6	3
4	8	6	3	7	1	2	5	9
7	9	3	6	2	8	4	1	5
6	2	4	1	3	5	7	9	8
1	5	8	9	4	7	3	2	6
5	4	2	8	1	9	6	3	7
3	7	9	4	6	2	5	8	1
8	6	1	7	5	3	9	4	2

AUGUST DAY - 19 (Solution) — Insane

2	5	1	7	4	8	3	6	9
9	6	3	2	5	1	4	7	8
7	8	4	6	3	9	2	5	1
1	7	5	8	6	4	9	3	2
8	4	6	9	2	3	5	1	7
3	9	2	5	1	7	6	8	4
4	2	8	3	7	5	1	9	6
6	3	9	1	8	2	7	4	5
5	1	7	4	9	6	8	2	3

AUGUST DAY - 20 (Solution) — Insane

8	4	9	1	6	7	2	3	5
1	3	6	4	5	2	8	9	7
2	5	7	3	8	9	1	4	6
6	7	2	5	1	3	4	8	9
4	8	1	7	9	6	3	5	2
5	9	3	8	2	4	7	6	1
7	1	4	6	3	5	9	2	8
3	2	5	9	7	8	6	1	4
9	6	8	2	4	1	5	7	3

AUGUST DAY - 21 (Solution) — Insane

6	7	1	3	5	2	4	9	8
4	8	9	6	1	7	3	5	2
3	2	5	4	9	8	7	6	1
1	6	8	7	3	9	5	2	4
2	4	7	1	6	5	9	8	3
5	9	3	2	8	4	1	7	6
7	3	6	5	2	1	8	4	9
9	5	2	8	4	3	6	1	7
8	1	4	9	7	6	2	3	5

AUGUST DAY - 22 (Solution) — Insane

8	3	7	9	1	5	4	2	6
5	1	4	8	6	2	7	3	9
2	9	6	7	3	4	8	5	1
3	5	1	6	7	8	9	4	2
9	4	2	1	5	3	6	8	7
6	7	8	4	2	9	5	1	3
7	8	9	3	4	1	2	6	5
4	2	3	5	9	6	1	7	8
1	6	5	2	8	7	3	9	4

AUGUST DAY - 23 (Solution) — Insane

7	9	1	2	5	8	4	3	6
6	4	5	7	1	3	8	9	2
2	3	8	6	9	4	1	5	7
4	1	9	8	6	7	5	2	3
8	5	6	1	3	2	9	7	4
3	7	2	5	4	9	6	1	8
9	2	4	3	8	5	7	6	1
5	6	7	4	2	1	3	8	9
1	8	3	9	7	6	2	4	5

AUGUST DAY - 24 (Solution) — Insane

7	9	8	5	3	6	2	4	1
2	1	3	7	9	4	8	6	5
6	5	4	8	2	1	3	9	7
3	7	6	4	1	2	5	8	9
1	2	5	6	8	9	7	3	4
8	4	9	3	5	7	1	2	6
5	8	7	9	4	3	6	1	2
9	6	1	2	7	8	4	5	3
4	3	2	1	6	5	9	7	8

AUGUST DAY - 25 (Solution) — Insane

3	6	7	5	9	2	8	4	1
4	2	1	7	3	8	9	5	6
9	8	5	1	4	6	7	2	3
5	1	8	3	2	7	4	6	9
7	4	3	6	1	9	2	8	5
2	9	6	8	5	4	1	3	7
8	3	4	6	1	9	5	7	2
1	5	2	4	7	3	6	9	8
6	7	9	2	8	5	3	1	4

AUGUST DAY - 26 (Solution) — Insane

6	8	7	4	2	9	1	5	3
1	9	3	5	8	7	2	4	6
5	4	2	6	1	3	9	8	7
7	6	9	3	5	8	4	1	2
4	1	8	7	9	2	3	6	5
2	3	5	1	6	4	7	9	8
3	2	6	9	4	5	8	7	1
9	7	1	8	3	6	5	2	4
8	5	4	2	7	1	6	3	9

AUGUST DAY - 27 (Solution) — Insane

4	6	1	7	3	2	8	5	9
8	9	5	1	4	6	7	3	2
2	3	7	9	8	5	1	6	4
5	2	4	8	1	7	3	9	6
3	8	9	6	2	4	5	7	1
7	1	6	3	5	9	2	4	8
6	7	3	2	9	1	4	8	5
9	4	2	5	7	8	6	1	3
1	5	8	4	6	3	9	2	7

AUGUST DAY - 28 (Solution) — Insane

5	7	6	3	9	1	4	8	2
2	4	1	6	8	5	3	7	9
3	9	8	2	4	7	1	5	6
1	5	3	4	6	2	7	9	8
7	6	2	9	1	8	5	4	3
9	8	4	5	7	3	2	6	1
8	1	9	5	2	4	6	3	7
4	2	7	8	3	6	9	1	5
6	3	5	1	7	9	8	2	4

AUGUST DAY - 29 (Solution)
Insane

3	7	4	6	8	2	9	5	1
8	5	6	1	7	9	2	4	3
1	2	9	5	3	4	8	7	6
5	1	3	4	9	8	6	2	7
7	4	2	3	1	6	5	9	8
6	9	8	7	2	5	1	3	4
2	6	5	8	4	3	7	1	9
9	3	7	2	6	1	4	8	5
4	8	1	9	5	7	3	6	2

AUGUST DAY - 30 (Solution)

7	9	8	2	3	4	1	5	6
3	4	1	5	6	9	8	7	2
2	6	5	7	1	8	3	4	9
4	3	9	6	2	1	7	8	5
6	5	7	9	8	3	4	2	1
8	1	2	4	5	7	6	9	3
9	2	4	3	7	6	5	1	8
5	8	3	1	4	2	9	6	7
1	7	6	8	9	5	2	3	4

AUGUST DAY - 31 (Solution)

7	3	4	6	2	9	8	1	5
5	1	6	8	3	4	7	9	2
2	9	8	1	5	7	3	4	6
1	5	3	9	8	2	4	6	7
6	2	9	7	4	3	1	5	8
8	4	7	5	6	1	2	3	9
3	6	2	4	7	5	9	8	1
9	7	5	3	1	8	6	2	4
4	8	1	2	9	6	5	7	3

SEPTEMBER DAY - 1 (Solution)
Very Hard

2	1	8	3	9	4	6	5	7
9	6	7	1	2	5	8	4	3
4	3	5	7	6	8	9	1	2
8	5	2	4	7	3	1	6	9
3	7	9	8	1	6	5	2	4
1	4	6	9	5	2	3	7	8
7	9	3	6	4	1	2	8	5
5	8	1	2	3	7	4	9	6
6	2	4	5	8	9	7	3	1

SEPTEMBER DAY - 2 (Solution)
Very Hard

7	9	2	5	8	6	3	4	1
5	6	1	9	4	3	2	7	8
3	4	8	2	1	7	6	9	5
2	8	4	3	6	1	7	5	9
6	7	5	4	2	9	1	8	3
1	3	9	8	7	5	4	6	2
4	1	3	7	5	8	9	2	6
8	2	6	1	9	4	5	3	7
9	5	7	6	3	2	8	1	4

SEPTEMBER DAY - 3 (Solution)
Very Hard

8	2	9	3	5	7	4	1	6
4	7	5	2	6	1	9	3	8
3	6	1	8	9	4	5	7	2
1	5	6	7	4	9	8	2	3
7	9	3	1	8	2	6	4	5
2	8	4	5	3	6	1	9	7
6	4	7	9	2	5	3	8	1
9	1	8	6	7	3	2	5	4
5	3	2	4	1	8	7	6	9

SEPTEMBER DAY - 4 (Solution)
Very Hard

6	8	5	2	9	7	1	3	4
7	1	4	5	6	3	8	2	9
9	3	2	8	1	4	5	7	6
3	6	1	9	5	8	7	4	2
5	7	9	4	3	2	6	8	1
4	2	8	1	7	6	9	5	3
1	4	7	6	2	5	3	9	8
8	5	6	3	4	9	2	1	7
2	9	3	7	8	1	4	6	5

SEPTEMBER DAY - 5 (Solution)
Very Hard

7	8	2	6	9	5	4	1	3
9	4	6	1	3	2	8	7	5
1	3	5	8	4	7	6	9	2
6	9	7	4	8	3	5	2	1
8	2	4	9	5	1	3	6	7
5	1	3	7	2	6	9	4	8
3	6	1	5	7	4	2	8	9
2	7	8	3	6	9	1	5	4
4	5	9	2	1	8	7	3	6

SEPTEMBER DAY - 6 (Solution)
Very Hard

5	1	4	8	6	9	7	2	3
2	3	7	5	1	4	9	8	6
6	9	8	3	7	2	4	5	1
3	5	6	4	9	8	2	1	7
7	2	9	1	5	6	8	3	4
4	8	1	7	2	3	6	9	5
8	4	5	9	3	7	1	6	2
1	7	2	6	8	5	3	4	9
9	6	3	2	4	1	5	7	8

SEPTEMBER DAY - 7 (Solution)
Very Hard

8	1	6	7	2	4	9	3	5
3	4	7	9	6	5	1	2	8
9	5	2	8	1	3	4	7	6
2	9	4	3	5	1	8	6	7
5	6	3	4	8	7	2	1	9
7	8	1	2	9	6	3	5	4
6	7	8	1	4	2	5	9	3
1	3	9	5	7	8	6	4	2
4	2	5	6	3	9	7	8	1

SEPTEMBER DAY - 8 (Solution)
Very Hard

1	3	8	5	7	2	4	6	9
2	7	5	6	4	9	8	1	3
9	6	4	1	8	3	5	7	2
3	2	9	8	5	1	7	4	6
5	8	7	3	6	4	9	2	1
6	4	1	9	2	7	3	8	5
7	5	6	2	3	8	1	9	4
8	9	3	4	1	6	2	5	7
4	1	2	7	9	5	6	3	8

SEPTEMBER DAY - 9 (Solution)
Very Hard

5	2	1	8	3	9	4	6	7
3	6	8	5	4	7	9	2	1
9	7	4	2	6	1	8	5	3
6	8	7	3	9	4	2	1	5
1	5	2	6	7	8	3	9	4
4	3	9	1	5	2	6	7	8
2	4	3	9	1	5	7	8	6
8	1	6	7	2	3	5	4	9
7	9	5	4	8	6	1	3	2

SEPTEMBER DAY - 10 (Solution)
Very Hard

5	8	9	7	2	3	1	6	4
3	4	6	9	1	8	5	2	7
7	2	1	4	6	5	9	3	8
2	6	7	8	3	9	4	5	1
9	5	4	2	7	1	6	8	3
8	1	3	5	4	6	7	9	2
4	7	8	6	5	2	3	1	9
6	3	2	1	9	4	8	7	5
1	9	5	3	8	7	2	4	6

SEPTEMBER DAY - 11 (Solution)
Very Hard

4	9	1	2	8	3	7	6	5
2	7	3	4	6	5	8	9	1
5	8	6	1	7	9	4	3	2
6	2	8	5	9	1	3	4	7
3	5	9	6	4	7	1	2	8
1	4	7	3	2	8	6	5	9
7	1	5	9	3	6	2	8	4
8	6	2	7	5	4	9	1	3
9	3	4	8	1	2	5	7	6

SEPTEMBER DAY - 12 (Solution)
Very Hard

3	7	1	8	6	2	4	9	5
4	6	5	9	7	1	2	8	3
8	2	9	4	5	3	7	1	6
1	5	2	6	4	9	3	7	8
6	3	4	1	8	7	5	2	9
7	9	8	3	2	5	1	6	4
5	4	7	2	9	6	8	3	1
2	1	6	5	3	8	9	4	7
9	8	3	7	1	4	6	5	2

SEPTEMBER DAY - 13 (Solution)
Very Hard

8	7	2	1	5	6	4	9	3
3	5	4	2	9	8	1	7	6
1	6	9	7	3	4	2	5	8
7	8	1	3	2	9	6	4	5
2	3	5	6	4	7	9	8	1
9	4	6	8	1	5	3	2	7
5	2	3	9	8	1	7	6	4
4	9	7	5	6	3	8	1	2
6	1	8	4	7	2	5	3	9

SEPTEMBER DAY - 14 (Solution)
Very Hard

5	2	6	7	8	4	9	1	3
3	4	8	1	9	6	7	2	5
9	7	1	5	3	2	6	4	8
7	3	2	4	1	5	8	6	9
1	6	9	8	2	3	5	7	4
4	8	5	6	7	9	2	3	1
2	1	3	9	6	8	4	5	7
6	9	4	3	5	7	1	8	2
8	5	7	2	4	1	3	9	6

SEPTEMBER DAY - 15 (Solution)
Very Hard

2	1	8	9	3	4	6	7	5
9	5	7	1	8	6	4	3	2
6	4	3	7	2	5	1	9	8
5	8	4	6	1	9	3	2	7
3	7	2	5	4	8	9	6	1
1	6	9	3	7	2	8	5	4
7	2	1	4	9	3	5	8	6
8	9	6	2	5	1	7	4	3
4	3	5	8	6	7	2	1	9

SEPTEMBER DAY - 16 (Solution)
Insane

9	8	6	1	7	5	3	2	4
5	1	7	2	4	3	6	9	8
2	3	4	9	6	8	1	5	7
6	2	8	4	3	1	9	7	5
7	9	5	8	2	6	4	1	3
3	4	1	7	5	9	2	8	6
8	7	3	6	1	2	5	4	9
4	5	2	3	9	7	8	6	1
1	6	9	5	8	4	7	3	2

SEPTEMBER DAY - 17 (Solution)
Insane

4	7	1	8	6	9	2	5	3
9	3	2	5	7	1	8	6	4
5	8	6	2	3	4	9	7	1
7	9	5	1	8	2	4	3	6
1	6	8	7	4	3	5	9	2
3	2	4	6	9	5	1	8	7
8	5	3	4	2	7	6	1	9
2	1	7	9	5	6	3	4	8
6	4	9	3	1	8	7	2	5

SEPTEMBER DAY - 18 (Solution)
Insane

8	7	4	9	1	2	5	3	6
5	2	9	6	8	3	1	7	4
3	6	1	4	7	5	8	9	2
9	5	6	1	2	4	7	8	3
7	3	8	5	9	6	4	2	1
1	4	2	7	3	8	6	5	9
4	9	3	8	6	7	2	1	5
2	8	5	3	4	1	9	6	7
6	1	7	2	5	9	3	4	8

SEPTEMBER DAY - 19 (Solution)
Insane

4	7	9	3	2	8	5	1	6
1	5	3	7	4	6	2	9	8
6	2	8	5	1	9	4	7	3
2	8	7	9	3	4	6	5	1
9	1	6	8	5	7	3	4	2
3	4	5	2	6	1	7	8	9
7	1	6	4	8	2	9	3	5
8	3	4	6	9	5	1	2	7
5	9	2	1	7	3	8	6	4

SEPTEMBER DAY - 20 (Solution)
Insane

3	8	2	9	1	5	6	4	7
7	1	4	8	2	6	5	9	3
6	5	9	3	7	4	2	1	8
8	4	5	6	3	7	1	2	9
2	6	1	5	8	9	3	7	4
9	3	7	2	4	1	8	5	6
5	7	3	4	6	2	9	8	1
1	9	8	7	5	3	4	6	2
4	2	6	1	9	8	7	3	5

SEPTEMBER DAY - 21 (Solution)
Insane

1	4	8	9	2	7	3	6	5
5	6	3	4	1	8	7	9	2
7	2	9	3	5	6	8	4	1
3	1	7	2	8	9	6	5	4
2	8	4	5	6	1	9	3	7
9	5	6	7	3	4	1	2	8
6	3	2	8	7	5	4	1	9
8	9	1	6	4	2	5	7	3
4	7	5	1	9	3	2	8	6

SEPTEMBER DAY - 22 (Solution)
Insane

```
2 6 8 3 9 5 4 1 7
3 9 4 8 7 1 6 5 2
1 7 5 4 2 6 8 3 9
4 8 6 2 3 9 5 7 1
9 3 7 1 5 8 2 6 4
5 2 1 7 6 4 3 9 8
7 4 3 5 1 2 9 8 6
8 1 9 6 4 3 7 2 5
6 5 2 9 8 7 1 4 3
```

SEPTEMBER DAY - 23 (Solution)
Insane

```
6 2 7 3 9 1 8 5 4
5 8 1 7 4 6 9 3 2
3 4 9 8 2 5 1 6 7
2 9 6 1 7 8 3 4 5
7 5 4 2 3 9 6 8 1
1 3 8 6 5 4 2 7 9
9 7 2 4 8 3 5 1 6
8 6 5 9 1 7 4 2 3
4 1 3 5 6 2 7 9 8
```

SEPTEMBER DAY - 24 (Solution)
Insane

```
1 4 7 8 5 9 2 3 6
9 5 6 2 4 3 1 8 7
8 3 2 1 7 6 4 5 9
2 9 1 5 3 4 7 6 8
3 6 5 7 2 8 9 4 1
7 8 4 9 6 1 3 2 5
5 1 8 4 9 2 6 7 3
6 2 9 3 8 7 5 1 4
4 7 3 6 1 5 8 9 2
```

SEPTEMBER DAY - 25 (Solution)
Insane

```
6 1 5 7 8 3 9 2 4
3 9 2 6 4 5 8 1 7
8 7 4 2 9 1 3 5 6
7 4 8 3 2 6 5 9 1
5 2 3 4 1 9 7 6 8
9 6 1 8 5 7 2 4 3
2 8 6 5 7 4 1 3 9
4 5 9 1 3 8 6 7 2
1 3 7 9 6 2 4 8 5
```

SEPTEMBER DAY - 26 (Solution)
Insane

```
3 8 2 7 4 5 1 6 9
9 4 1 3 6 2 8 5 7
6 5 7 9 8 1 3 2 4
1 3 4 6 9 7 2 8 5
8 9 5 2 1 3 4 7 6
7 2 6 4 5 8 9 3 1
4 6 8 5 3 9 7 1 2
2 1 9 8 7 6 5 4 3
5 7 3 1 2 4 6 9 8
```

SEPTEMBER DAY - 27 (Solution)
Insane

```
7 3 2 8 6 1 9 5 4
5 8 1 7 9 4 3 2 6
9 6 4 2 3 5 1 8 7
2 9 6 1 7 8 5 4 3
4 5 8 9 2 3 7 6 1
1 7 3 4 5 6 8 9 2
3 1 9 6 8 2 4 7 5
6 4 7 5 1 9 2 3 8
8 2 5 3 4 7 6 1 9
```

SEPTEMBER DAY - 28 (Solution)
Insane

```
5 4 3 9 2 6 8 1 7
8 9 2 7 3 1 5 6 4
6 7 1 8 5 4 9 3 2
7 5 8 2 4 3 6 9 1
1 3 6 5 7 9 4 2 8
9 2 4 6 1 8 7 5 3
3 8 7 1 9 5 2 4 6
4 6 9 3 8 2 1 7 5
2 1 5 4 6 7 3 8 9
```

SEPTEMBER DAY - 29 (Solution)
Insane

```
2 4 3 8 9 7 1 6 5
7 6 5 2 4 1 9 8 3
8 9 1 6 5 3 7 2 4
3 8 2 7 6 4 5 9 1
6 1 7 5 3 9 2 4 8
4 5 9 1 8 2 6 3 7
5 2 4 9 7 8 3 1 6
9 3 6 4 1 5 8 7 2
1 7 8 3 2 6 4 5 9
```

SEPTEMBER DAY - 30 (Solution)
Insane

```
1 6 3 5 7 2 9 8 4
2 5 8 6 9 4 1 7 3
9 7 4 8 1 3 6 2 5
3 9 7 1 6 5 2 4 8
8 2 6 7 4 9 3 5 1
4 1 5 2 3 8 7 9 6
5 3 2 9 8 6 4 1 7
6 8 1 4 2 7 5 3 9
7 4 9 3 5 1 8 6 2
```

OCTOBER DAY - 1 (Solution)
Very Hard

```
2 9 3 5 1 8 6 7 4
6 1 5 9 7 4 2 8 3
7 8 4 2 3 6 5 9 1
9 7 1 6 8 3 4 5 2
5 3 8 4 2 9 7 1 6
4 6 2 1 5 7 9 3 8
1 5 6 8 9 2 3 4 7
8 2 7 3 4 5 1 6 9
3 4 9 7 6 1 8 2 5
```

OCTOBER DAY - 2 (Solution)
Very Hard

```
6 8 2 5 7 3 4 9 1
4 7 1 9 2 6 8 5 3
3 5 9 4 8 1 2 7 6
5 1 7 8 4 2 6 3 9
2 9 6 1 3 5 7 4 8
8 4 3 6 9 7 5 1 2
7 6 5 3 1 8 9 2 4
9 3 8 2 5 4 1 6 7
1 2 4 7 6 9 3 8 5
```

OCTOBER DAY - 3 (Solution)
Very Hard

```
3 5 7 6 2 1 4 8 9
4 8 9 7 3 5 1 2 6
2 6 1 8 4 9 5 3 7
5 9 6 1 8 2 7 4 3
1 7 4 9 5 3 8 6 2
8 2 3 4 6 7 9 1 5
9 4 2 5 1 6 3 7 8
7 3 8 2 9 4 6 5 1
6 1 5 3 7 8 2 9 4
```

OCTOBER DAY - 4 (Solution)
Very Hard

```
4 1 8 2 9 6 7 3 5
9 2 6 3 5 7 1 8 4
5 7 3 1 8 4 9 6 2
7 8 1 9 2 3 5 4 6
6 9 2 8 4 5 3 7 1
3 4 5 7 6 1 8 2 9
2 6 9 5 3 8 4 1 7
1 3 4 6 7 9 2 5 8
8 5 7 4 1 2 6 9 3
```

OCTOBER DAY - 5 (Solution)
Very Hard

```
3 4 6 5 1 7 8 9 2
5 8 9 3 6 2 7 1 4
7 1 2 8 9 4 5 3 6
4 3 8 9 7 1 6 2 5
1 9 5 2 8 6 4 7 3
2 6 7 4 5 3 9 8 1
8 5 1 6 3 9 2 4 7
6 7 4 1 2 8 3 5 9
9 2 3 7 4 5 1 6 8
```

OCTOBER DAY - 6 (Solution)
Very Hard

```
2 4 6 1 3 8 7 9 5
5 8 3 7 6 9 1 4 2
9 7 1 4 2 5 6 3 8
6 9 5 2 1 7 4 8 3
3 2 8 9 4 6 5 1 7
4 1 7 8 5 3 9 2 6
1 6 2 3 7 4 8 5 9
8 5 4 6 9 2 3 7 1
7 3 9 5 8 1 2 6 4
```

OCTOBER DAY - 7 (Solution)
Very Hard

```
9 7 2 6 8 1 4 3 5
4 8 6 9 3 5 2 7 1
5 1 3 7 4 2 6 8 9
3 9 5 1 2 7 8 4 6
2 4 7 8 6 9 1 5 3
8 6 1 4 5 3 7 9 2
1 5 9 2 7 4 3 6 8
6 3 4 5 1 8 9 2 7
7 2 8 3 9 6 5 1 4
```

OCTOBER DAY - 8 (Solution)
Very Hard

```
8 7 2 3 1 9 6 4 5
4 5 6 7 2 8 3 9 1
9 3 1 4 5 6 8 2 7
1 4 7 2 6 5 9 3 8
5 6 9 1 8 3 4 7 2
3 2 8 9 4 7 5 1 6
7 1 5 6 3 4 2 8 9
2 8 4 5 9 1 7 6 3
6 9 3 8 7 2 1 5 4
```

OCTOBER DAY - 9 (Solution)
Very Hard

```
8 3 5 1 9 4 2 6 7
7 2 1 8 6 3 9 5 4
6 4 9 7 5 2 8 3 1
5 1 7 2 8 9 3 4 6
9 6 2 4 3 1 7 8 5
3 8 4 6 7 5 1 9 2
2 5 3 9 1 6 4 7 8
4 7 6 3 2 8 5 1 9
1 9 8 5 4 7 6 2 3
```

OCTOBER DAY - 10 (Solution)
Very Hard

```
8 1 9 3 4 5 6 2 7
6 7 5 2 1 9 8 3 4
4 2 3 8 7 6 9 5 1
2 6 8 9 5 4 1 7 3
9 3 4 7 2 1 5 6 8
1 5 7 6 8 3 2 4 9
3 4 1 5 8 2 7 9 6
7 9 2 1 6 3 4 8 5
5 8 6 4 9 7 3 1 2
```

OCTOBER DAY - 11 (Solution)
Very Hard

```
6 8 1 5 7 2 4 9 3
9 2 5 8 3 4 1 7 6
7 3 4 1 9 6 5 8 2
2 6 8 3 4 7 9 1 5
3 4 9 2 5 1 8 6 7
5 1 7 6 8 9 3 2 4
1 9 2 4 6 3 7 5 8
4 5 6 7 1 8 2 3 9
8 7 3 9 2 5 6 4 1
```

OCTOBER DAY - 12 (Solution)
Very Hard

```
1 8 3 5 7 2 4 9 6
6 2 5 8 4 9 7 1 3
7 9 4 1 3 6 5 8 2
2 1 6 3 5 4 9 7 8
3 4 8 9 1 7 2 6 5
9 5 7 2 6 8 1 3 4
4 3 1 7 8 5 6 2 9
5 7 9 6 2 3 8 4 1
8 6 2 4 9 1 3 5 7
```

OCTOBER DAY - 13 (Solution)
Very Hard

```
5 9 2 1 4 3 7 8 6
1 4 3 6 7 8 9 2 5
8 6 7 2 5 9 3 4 1
4 2 5 3 6 1 8 9 7
7 8 6 4 9 5 2 1 3
9 3 1 7 8 2 6 5 4
2 7 4 8 1 6 5 3 9
3 1 9 5 2 7 4 6 8
6 5 8 9 3 4 1 7 2
```

OCTOBER DAY - 14 (Solution)
Very Hard

```
8 5 3 7 4 2 9 1 6
2 7 4 6 1 9 5 3 8
1 9 6 3 5 8 7 2 4
6 1 8 5 9 3 2 4 7
7 2 5 4 8 1 6 9 3
3 4 9 2 7 6 8 5 1
9 8 7 1 2 4 3 6 5
5 6 1 9 3 7 4 8 2
4 3 2 8 6 5 1 7 9
```

OCTOBER DAY - 15 (Solution)
Very Hard

```
2 6 7 8 4 9 1 5 3
9 3 8 2 1 5 6 4 7
4 5 1 3 7 6 9 8 2
6 9 5 4 2 1 3 7 8
1 2 3 6 8 7 5 9 4
7 8 4 5 9 3 2 1 6
5 4 9 7 6 2 8 3 1
3 7 2 1 5 8 4 6 9
8 1 6 9 3 4 7 2 5
```

OCTOBER DAY - 16 (Solution)
Insane
```
2 9 3 1 4 8 5 6 7
1 6 7 3 2 5 8 9 4
4 8 5 6 7 9 1 2 3
8 7 9 4 5 3 6 1 2
6 4 1 9 8 2 3 7 5
3 5 2 7 6 1 4 8 9
5 3 6 2 1 7 9 4 8
9 2 4 8 3 6 7 5 1
7 1 8 5 9 4 2 3 6
```

OCTOBER DAY - 17 (Solution)
Insane
```
6 2 8 3 1 4 5 7 9
3 9 1 5 2 7 8 4 6
7 4 5 6 9 8 2 3 1
1 6 2 4 8 5 7 9 3
5 3 7 9 6 1 4 8 2
9 8 4 7 3 2 1 6 5
8 7 3 1 5 9 6 2 4
2 1 6 8 4 3 9 5 7
4 5 9 2 7 6 3 1 8
```

OCTOBER DAY - 18 (Solution)
Insane
```
2 3 7 8 1 6 4 9 5
4 1 8 7 9 5 2 6 3
6 5 9 3 2 4 1 8 7
1 9 6 5 4 3 8 7 2
7 8 5 9 6 2 3 4 1
3 2 4 1 8 7 6 5 9
8 4 3 2 5 9 7 1 6
5 6 2 4 7 1 9 3 8
9 7 1 6 3 8 5 2 4
```

OCTOBER DAY - 19 (Solution)
Insane
```
3 5 1 4 6 7 9 8 2
2 7 9 1 5 8 6 3 4
8 4 6 9 2 3 5 1 7
5 3 2 7 1 9 4 6 8
4 1 7 5 8 6 3 2 9
6 9 8 2 3 4 7 5 1
1 6 4 3 9 2 8 7 5
7 2 3 8 4 5 1 9 6
9 8 5 6 7 1 2 4 3
```

OCTOBER DAY - 20 (Solution)
Insane
```
2 6 3 8 9 5 7 4 1
7 8 1 6 3 4 9 2 5
4 5 9 2 7 1 8 6 3
8 1 2 9 4 7 5 3 6
6 3 4 1 5 8 2 7 9
9 7 5 3 6 2 4 1 8
5 9 6 4 2 3 1 8 7
1 4 7 5 8 6 3 9 2
3 2 8 7 1 9 6 5 4
```

OCTOBER DAY - 21 (Solution)
Insane
```
4 6 8 7 3 2 5 9 1
7 5 9 1 8 4 2 3 6
2 3 1 6 5 9 7 8 4
3 1 7 9 6 5 8 4 2
6 2 5 8 4 3 9 1 7
8 9 4 2 7 1 6 5 3
9 8 6 4 1 7 3 2 5
1 7 3 5 2 8 4 6 9
5 4 2 3 9 6 1 7 8
```

OCTOBER DAY - 22 (Solution)
Insane
```
8 7 9 3 5 6 2 4 1
5 4 6 8 1 2 7 9 3
3 1 2 9 4 7 5 6 8
6 2 5 4 9 1 8 3 7
1 9 4 7 3 8 6 2 5
7 3 8 6 2 5 9 1 4
2 6 7 1 8 4 3 5 9
4 5 3 2 7 9 1 8 6
9 8 1 5 6 3 4 7 2
```

OCTOBER DAY - 23 (Solution)
Insane
```
7 9 5 8 2 3 4 6 1
8 6 1 9 5 4 3 2 7
3 4 2 6 1 7 8 5 9
1 2 4 7 8 9 5 3 6
9 7 8 5 3 6 2 1 4
5 3 6 1 4 2 7 9 8
6 5 7 2 9 8 1 4 3
4 1 9 3 7 5 6 8 2
2 8 3 4 6 1 9 7 5
```

OCTOBER DAY - 24 (Solution)
Insane
```
3 7 9 4 5 8 6 2 1
1 8 4 6 3 2 5 9 7
2 5 6 7 1 9 8 4 3
8 2 7 1 6 4 9 3 5
4 6 5 9 2 3 1 7 8
9 3 1 8 7 5 2 6 4
6 9 3 5 4 1 7 8 2
7 1 2 3 8 6 4 5 9
5 4 8 2 9 7 3 1 6
```

OCTOBER DAY - 25 (Solution)
Insane
```
7 4 5 6 9 8 3 2 1
9 8 1 7 2 3 4 5 6
2 3 6 1 4 5 9 7 8
8 1 2 9 3 4 7 6 5
6 9 4 2 5 7 1 8 3
3 5 7 8 1 6 2 9 4
1 7 3 5 8 2 6 4 9
4 2 8 3 6 9 5 1 7
5 6 9 4 7 1 8 3 2
```

OCTOBER DAY - 26 (Solution)
Insane
```
1 9 6 4 8 7 5 3 2
7 3 8 6 5 2 9 4 1
4 5 2 3 1 9 6 7 8
5 1 3 2 9 8 7 6 4
8 7 4 5 3 6 1 2 9
6 2 9 7 4 1 8 5 3
3 8 5 1 7 4 2 9 6
9 6 7 8 2 3 4 1 5
2 4 1 9 6 5 3 8 7
```

OCTOBER DAY - 27 (Solution)
Insane
```
6 2 4 3 7 5 8 9 1
8 5 3 4 1 9 6 2 7
1 7 9 2 6 8 3 4 5
7 3 6 5 2 4 9 1 8
4 1 8 6 9 3 7 5 2
5 9 2 7 8 1 4 3 6
3 6 1 8 4 2 5 7 9
2 4 7 9 5 6 1 8 3
9 8 5 1 3 7 2 6 4
```

OCTOBER DAY - 28 (Solution)
Insane
```
1 5 3 4 9 8 6 7 2
6 8 2 3 7 1 4 5 9
7 4 9 5 6 2 1 3 8
9 3 4 1 2 7 5 8 6
2 7 1 8 5 6 3 9 4
8 6 5 9 4 3 7 2 1
3 2 6 7 1 9 8 4 5
4 1 7 2 8 5 9 6 3
5 9 8 6 3 4 2 1 7
```

OCTOBER DAY - 29 (Solution)
Insane
```
3 9 4 1 5 6 8 2 7
6 7 5 2 3 8 9 1 4
8 1 2 9 4 7 6 3 5
9 3 7 4 6 5 2 8 1
4 5 1 8 2 3 7 6 9
2 8 6 7 9 1 4 5 3
1 4 3 6 7 2 5 9 8
5 6 9 3 8 4 1 7 2
7 2 8 5 1 9 3 4 6
```

OCTOBER DAY - 30 (Solution)
Insane
```
2 6 3 5 8 1 4 7 9
7 4 1 2 6 9 5 3 8
5 9 8 7 4 3 1 2 6
1 5 9 3 7 2 6 8 4
8 2 7 4 5 6 3 9 1
4 3 6 1 9 8 2 5 7
3 1 4 9 2 7 8 6 5
9 8 5 6 3 4 7 1 2
6 7 2 8 1 5 9 4 3
```

OCTOBER DAY - 31 (Solution)
Insane
```
8 3 2 7 4 9 1 6 5
7 4 1 3 6 5 2 9 8
5 9 6 8 1 2 7 4 3
4 8 5 6 7 1 9 3 2
6 7 9 5 2 3 4 8 1
2 1 3 4 9 8 6 5 7
1 5 7 9 3 6 8 2 4
9 2 8 1 5 4 3 7 6
3 6 4 2 8 7 5 1 9
```

NOVEMBER DAY - 1 (Solution)
Very Hard
```
4 3 1 5 2 6 8 7 9
2 8 9 1 3 7 6 4 5
7 6 5 9 8 4 1 2 3
5 4 7 2 1 9 3 8 6
9 1 8 4 6 3 7 5 2
3 2 6 7 5 8 4 9 1
8 5 3 6 4 2 9 1 7
6 9 2 8 7 1 5 3 4
1 7 4 3 9 5 2 6 8
```

NOVEMBER DAY - 2 (Solution)
Very Hard
```
6 2 3 5 7 1 4 9 8
9 7 5 8 6 4 1 3 2
1 8 4 9 2 3 5 7 6
3 1 2 7 5 6 8 4 9
5 9 7 4 3 8 6 2 1
4 6 8 2 1 9 7 5 3
7 5 1 3 8 2 9 6 4
8 3 9 6 4 5 2 1 7
2 4 6 1 9 7 3 8 5
```

NOVEMBER DAY - 3 (Solution)
Very Hard
```
9 6 2 8 1 7 4 5 3
7 8 5 6 4 3 9 1 2
4 3 1 9 2 5 6 7 8
8 7 6 2 3 9 1 4 5
5 2 4 7 8 1 3 6 9
3 1 9 4 5 6 8 2 7
1 4 8 3 7 2 5 9 6
2 9 3 5 6 4 7 8 1
6 5 7 1 9 8 2 3 4
```

NOVEMBER DAY - 4 (Solution)
Very Hard
```
9 5 8 3 2 6 7 1 4
4 7 1 5 9 8 6 3 2
2 6 3 1 7 4 8 9 5
6 3 4 8 5 7 9 2 1
7 9 5 4 1 2 3 6 8
8 1 2 6 3 9 5 4 7
3 2 7 9 8 1 4 5 6
5 4 7 2 6 3 1 8 9
1 8 6 9 4 5 2 7 3
```

NOVEMBER DAY - 5 (Solution)
Very Hard
```
1 2 9 6 5 4 3 7 8
6 4 7 9 3 8 2 5 1
8 3 5 2 7 1 6 9 4
2 7 4 8 9 3 1 6 5
9 1 3 7 6 5 4 8 2
5 8 6 4 1 2 7 3 9
4 9 8 3 2 7 5 1 6
7 6 1 5 4 9 8 2 3
3 5 2 1 8 6 9 4 7
```

NOVEMBER DAY - 6 (Solution)
Very Hard
```
6 4 2 5 9 8 1 3 7
1 8 5 6 7 3 9 4 2
3 9 7 4 1 2 5 6 8
5 6 4 9 2 7 3 8 1
2 7 1 8 3 4 6 9 5
8 3 9 1 5 4 7 2 6
9 2 8 7 4 1 6 5 3
4 1 3 2 6 5 8 7 9
7 5 6 3 8 9 2 1 4
```

NOVEMBER DAY - 7 (Solution)
Very Hard
```
9 3 2 5 7 6 8 4 1
4 7 8 1 3 9 6 2 5
5 1 6 8 4 2 3 9 7
2 8 1 4 9 7 5 6 3
7 5 4 3 6 1 9 8 2
3 6 9 2 8 5 1 7 4
1 2 7 9 5 8 4 3 6
6 9 3 7 1 4 2 5 8
8 4 5 6 2 3 7 1 9
```

NOVEMBER DAY - 8 (Solution)
Very Hard
```
3 9 5 8 4 1 2 6 7
6 7 8 5 2 9 1 4 3
1 2 4 3 7 6 8 5 9
7 6 1 4 9 5 3 8 2
2 4 3 6 1 8 7 9 5
5 8 9 2 3 7 6 1 4
9 5 2 1 6 3 4 7 8
4 1 7 9 5 2 8 3 6
8 3 6 7 5 4 9 2 1
```

NOVEMBER DAY - 9 (Solution)
Very Hard

```
8 2 9 6 5 1 7 3 4
7 1 5 3 9 4 2 8 6
3 6 4 2 7 8 5 1 9
2 9 6 1 8 3 4 5 7
4 8 7 9 6 5 3 2 1
5 3 1 7 4 2 9 6 8
6 7 2 8 3 9 1 4 5
1 4 8 5 2 7 6 9 3
9 5 3 4 1 6 8 7 2
```

NOVEMBER DAY - 10 (Solution)
Very Hard

```
2 1 4 8 3 7 6 9 5
3 6 9 5 4 1 8 2 7
5 8 7 2 6 9 4 3 1
1 7 2 9 8 6 3 5 4
4 5 8 7 1 3 9 6 2
9 3 6 4 5 2 1 7 8
8 2 5 6 9 4 7 1 3
6 4 3 1 7 5 2 8 9
7 9 1 3 2 8 5 4 6
```

NOVEMBER DAY - 11 (Solution)
Very Hard

```
6 2 7 8 1 9 4 3 5
9 8 1 4 5 3 6 2 7
3 4 5 6 2 7 8 9 1
8 5 6 7 4 2 9 1 3
4 7 3 5 9 1 2 8 6
1 9 2 3 6 8 5 7 4
7 1 4 9 8 5 3 6 2
2 6 8 1 3 4 7 5 9
5 3 9 2 7 6 1 4 8
```

NOVEMBER DAY - 12 (Solution)
Very Hard

```
1 4 5 2 9 7 8 3 6
8 2 7 6 1 3 9 5 4
3 6 9 5 4 8 1 7 2
5 3 1 9 2 4 7 6 8
7 9 6 1 8 5 4 2 3
2 8 4 3 7 6 5 9 1
6 7 2 8 5 1 3 4 9
9 5 8 4 3 2 6 1 7
4 1 3 7 6 9 2 8 5
```

NOVEMBER DAY - 13 (Solution)
Very Hard

```
5 6 7 8 1 9 3 4 2
3 1 9 7 2 4 6 5 8
2 8 4 6 3 5 9 1 7
4 9 1 2 8 7 5 3 6
7 2 5 4 6 3 8 9 1
6 3 8 5 9 1 7 2 4
8 4 2 9 5 6 1 7 3
9 7 3 1 4 8 2 6 5
1 5 6 3 7 2 4 8 9
```

NOVEMBER DAY - 14 (Solution)
Very Hard

```
3 6 8 9 5 4 1 2 7
4 9 5 7 2 1 8 6 3
7 2 1 6 8 3 4 5 9
1 8 9 3 4 6 2 7 5
2 5 3 8 1 7 9 4 6
6 7 4 2 9 5 3 8 1
9 4 7 1 6 2 5 3 8
5 1 6 4 3 8 7 9 2
8 3 2 5 7 9 6 1 4
```

NOVEMBER DAY - 15 (Solution)
Very Hard

```
1 7 2 8 9 6 4 3 5
8 3 9 1 5 4 7 6 2
5 4 6 7 2 3 8 9 1
3 9 5 2 4 1 6 7 8
2 8 4 5 6 7 3 1 9
7 6 1 9 3 8 5 2 4
4 1 8 6 7 2 9 5 3
6 5 3 4 1 9 2 8 7
9 2 7 3 8 5 1 4 6
```

NOVEMBER DAY - 16 (Solution)
Insane

```
7 4 8 9 6 1 3 5 2
6 1 2 4 3 5 7 9 8
3 9 5 8 7 2 4 1 6
9 8 4 1 2 7 5 6 3
5 3 1 6 8 4 2 7 9
2 6 7 3 5 9 8 4 1
1 2 6 5 4 8 9 3 7
4 7 3 2 9 6 1 8 5
8 5 9 7 1 3 6 2 4
```

NOVEMBER DAY - 17 (Solution)
Insane

```
4 8 9 1 6 7 2 3 5
6 7 5 4 2 3 8 9 1
2 1 3 8 9 5 4 7 6
7 2 8 3 1 9 6 5 4
1 5 4 2 7 6 9 8 3
9 3 6 5 8 4 7 1 2
8 6 1 9 5 2 3 4 7
5 4 2 7 3 8 1 6 9
3 9 7 6 4 1 5 2 8
```

NOVEMBER DAY - 18 (Solution)
Insane

```
9 2 3 7 8 5 4 6 1
8 4 1 3 9 6 5 7 2
7 5 6 2 4 1 8 3 9
4 6 5 9 7 8 1 2 3
1 8 7 5 3 2 6 9 4
3 9 2 1 6 4 7 8 5
2 7 4 6 1 9 3 5 8
6 1 9 8 5 3 2 4 7
5 3 8 4 2 7 9 1 6
```

NOVEMBER DAY - 19 (Solution)
Insane

```
9 6 4 3 8 5 1 7 2
5 3 2 4 7 1 6 9 8
7 1 8 6 9 2 3 4 5
2 8 7 1 5 3 4 6 9
4 9 3 2 6 7 8 5 1
6 5 1 9 4 8 7 2 3
8 7 6 5 1 9 2 3 4
3 4 5 8 2 6 9 1 7
1 2 9 7 3 4 5 8 6
```

NOVEMBER DAY - 20 (Solution)
Insane

```
9 1 8 5 7 6 2 3 4
3 6 7 1 2 4 8 5 9
5 4 2 8 3 9 1 7 6
8 3 4 6 5 2 7 9 1
1 9 5 3 4 7 6 8 2
2 7 6 9 8 1 3 4 5
4 5 3 2 1 8 9 6 7
7 2 9 4 6 3 5 1 8
6 8 1 7 9 5 4 2 3
```

NOVEMBER DAY - 21 (Solution)
Insane

```
3 4 8 9 1 6 7 2 5
2 6 5 4 8 7 3 1 9
1 9 7 3 5 2 8 6 4
7 5 4 1 2 9 6 8 3
6 3 9 8 7 4 2 5 1
8 1 2 6 3 5 9 4 7
5 7 6 2 4 3 1 9 8
4 2 1 7 9 8 5 3 6
9 8 3 5 6 1 4 7 2
```

NOVEMBER DAY - 22 (Solution)
Insane

```
3 4 2 8 7 6 1 5 9
7 5 1 2 9 4 3 8 6
6 9 8 3 5 1 4 2 7
8 6 9 1 4 5 2 7 3
1 3 7 6 8 2 5 9 4
5 2 4 9 3 7 6 1 8
2 7 5 4 6 9 8 3 1
4 1 3 7 2 8 9 6 5
9 8 6 5 1 3 7 4 2
```

NOVEMBER DAY - 23 (Solution)
Insane

```
9 3 1 6 4 2 8 5 7
2 5 6 1 7 8 9 4 3
8 4 7 9 5 3 2 6 1
5 2 8 3 9 4 1 7 6
3 7 9 8 1 6 4 2 5
6 1 4 5 2 7 3 8 9
7 6 3 4 8 1 5 9 2
4 9 2 7 3 5 6 1 8
1 8 5 2 6 9 7 3 4
```

NOVEMBER DAY - 24 (Solution)
Insane

```
9 3 2 5 8 7 4 6 1
4 6 7 1 9 2 8 3 5
8 5 1 6 4 3 2 7 9
1 7 6 2 3 8 9 5 4
2 4 9 7 6 5 1 8 3
3 8 5 4 1 9 7 2 6
5 2 3 9 7 1 6 4 8
7 9 4 8 5 6 3 1 2
6 1 8 3 2 4 5 9 7
```

NOVEMBER DAY - 25 (Solution)
Insane

```
2 1 9 4 3 7 6 5 8
3 4 8 6 9 5 2 7 1
6 7 5 2 1 8 4 9 3
4 2 6 9 8 3 5 1 7
8 3 7 1 5 6 9 2 4
9 5 1 7 4 2 3 8 6
7 9 3 5 6 1 8 4 2
1 6 4 8 2 9 7 3 5
5 8 2 3 7 4 1 6 9
```

NOVEMBER DAY - 26 (Solution)
Insane

```
6 8 2 4 1 9 7 3 5
4 1 3 8 5 7 2 6 9
5 7 9 3 2 6 4 8 1
7 4 1 6 8 5 3 9 2
8 2 6 7 9 3 1 5 4
3 9 5 1 4 2 8 7 6
1 6 8 9 7 4 5 2 3
2 3 4 5 6 8 9 1 7
9 5 7 2 3 1 6 4 8
```

NOVEMBER DAY - 27 (Solution)
Insane

```
5 9 4 2 7 6 3 8 1
3 7 8 9 5 1 2 6 4
2 6 1 4 3 8 5 7 9
7 3 2 1 6 5 4 9 8
9 8 5 7 4 3 6 1 2
1 4 6 8 2 9 7 3 5
8 2 3 5 9 7 1 4 6
6 5 9 3 1 4 8 2 7
4 1 7 6 8 2 9 5 3
```

NOVEMBER DAY - 28 (Solution)
Insane

```
1 9 7 8 2 3 6 5 4
3 8 4 7 5 6 9 2 1
5 2 6 4 1 9 8 7 3
9 5 3 6 4 7 2 1 8
7 6 8 1 3 2 4 9 5
4 1 2 5 9 8 7 3 6
8 3 1 2 7 4 5 6 9
2 4 5 9 6 1 3 8 7
6 7 9 3 8 5 1 4 2
```

NOVEMBER DAY - 29 (Solution)
Insane

```
9 1 7 4 8 2 5 3 6
5 3 8 1 9 6 4 2 7
6 2 4 7 5 3 1 8 9
3 8 5 9 6 1 7 4 2
7 9 2 5 4 8 3 6 1
4 6 1 2 3 7 9 5 8
1 4 9 8 2 5 6 7 3
2 5 6 3 7 9 8 1 4
8 7 3 6 1 4 2 9 5
```

NOVEMBER DAY - 30 (Solution)
Insane

```
9 3 4 8 7 6 5 1 2
6 1 8 9 2 5 3 4 7
7 5 2 4 3 1 6 9 8
5 9 7 1 8 3 2 6 4
1 8 2 6 5 4 9 7 3
4 6 3 7 9 2 8 5 1
3 5 1 2 6 7 4 8 9
8 4 6 3 1 9 7 2 5
2 7 9 5 4 8 1 3 6
```

DECEMBER DAY - 1 (Solution)
Very Hard

```
7 6 4 8 9 5 3 1 2
5 3 8 6 1 2 7 9 4
9 1 2 4 3 7 5 6 8
4 8 5 9 2 3 6 7 1
1 2 9 5 7 6 4 8 3
6 7 3 1 8 4 9 2 5
3 5 7 2 4 6 1 8 9
2 9 6 3 4 8 1 5 7
8 4 1 7 5 9 2 3 6
```

DECEMBER DAY - 2 (Solution)
Very Hard

```
6 4 9 2 3 7 5 8 1
2 1 5 8 4 6 7 9 3
7 8 3 5 1 9 2 4 6
1 2 8 6 5 4 9 3 7
3 5 4 7 9 8 1 6 2
9 7 6 3 2 1 4 5 8
5 6 2 9 7 3 8 1 4
8 9 1 4 6 2 3 7 5
4 3 7 1 8 5 6 2 9
```

DECEMBER DAY - 3 (Solution)
Very Hard

```
9 1 3 8 4 6 5 7 2
2 4 7 3 5 1 9 8 6
5 8 6 2 7 9 4 3 1
1 5 9 4 8 7 2 6 3
8 6 2 1 3 5 7 4 9
3 7 4 9 6 2 8 1 5
4 3 5 6 2 8 1 9 7
7 9 8 5 1 3 6 2 4
6 2 1 7 9 4 3 5 8
```

DECEMBER DAY - 4 (Solution)
Very Hard

```
8 7 5 4 6 2 9 3 1
6 9 2 8 3 1 7 4 5
3 4 1 7 9 5 2 8 6
4 5 6 1 8 9 3 7 2
2 8 3 6 5 7 1 9 4
9 1 7 2 4 3 6 5 8
1 6 8 9 7 4 5 2 3
7 3 4 5 2 6 8 1 9
5 2 9 3 1 8 4 6 7
```

DECEMBER DAY - 5 (Solution)
Very Hard

```
2 5 4 1 3 8 7 6 9
6 8 7 2 4 9 1 5 3
3 1 9 5 6 7 8 4 2
7 2 3 6 5 4 9 8 1
5 6 1 8 9 2 3 7 4
9 4 8 3 7 1 5 2 6
4 9 5 7 2 3 6 1 8
8 7 2 9 1 6 4 3 5
1 3 6 4 8 5 2 9 7
```

DECEMBER DAY - 6 (Solution)
Very Hard

```
8 1 3 2 6 7 9 4 5
4 5 9 8 1 3 7 2 6
7 2 6 9 5 4 8 1 3
6 4 7 1 2 9 3 5 8
2 9 1 3 8 5 4 6 7
5 3 8 4 7 6 2 9 1
3 7 2 5 4 1 6 8 9
1 6 4 7 9 8 5 3 2
9 8 5 6 3 2 1 7 4
```

DECEMBER DAY - 7 (Solution)
Very Hard

```
8 9 4 7 1 5 6 2 3
3 1 6 9 2 4 7 5 8
2 7 5 8 6 3 9 1 4
6 5 7 2 3 1 4 8 9
1 4 8 5 9 6 2 3 7
9 2 3 4 7 8 1 6 5
5 6 1 3 4 7 8 9 2
7 8 9 6 5 2 3 4 1
4 3 2 1 8 9 5 7 6
```

DECEMBER DAY - 8 (Solution)
Very Hard

```
3 5 4 7 8 9 1 6 2
1 6 7 3 4 2 9 8 5
2 8 9 1 6 5 4 3 7
8 7 1 5 9 4 3 2 6
4 3 2 6 1 7 8 5 9
6 9 5 8 2 3 7 1 4
9 4 8 2 3 6 5 7 1
5 1 6 9 7 8 2 4 3
7 2 3 4 5 1 6 9 8
```

DECEMBER DAY - 9 (Solution)
Very Hard

```
5 3 2 4 6 1 8 9 7
4 8 7 3 9 5 1 2 6
6 9 1 7 8 2 4 5 3
8 6 5 2 1 3 9 7 4
1 7 3 6 4 9 2 8 5
2 4 9 8 5 7 6 3 1
3 1 4 9 7 8 5 6 2
7 5 8 1 2 6 3 4 9
9 2 6 5 3 4 7 1 8
```

DECEMBER DAY - 10 (Solution)
Very Hard

```
1 5 9 7 2 6 8 4 3
8 4 7 5 3 1 6 9 2
2 3 6 8 9 4 1 7 5
3 8 5 1 6 9 7 2 4
4 7 2 3 8 5 9 1 6
6 9 1 2 4 7 5 3 8
7 2 8 9 5 3 4 6 1
5 1 4 6 7 2 3 8 9
9 6 3 4 1 8 2 5 7
```

DECEMBER DAY - 11 (Solution)
Very Hard

```
7 4 8 3 9 6 1 5 2
3 5 6 2 1 8 4 9 7
1 2 9 5 4 7 8 6 3
9 7 4 8 3 1 6 2 5
6 1 2 4 7 5 9 3 8
8 3 5 6 2 9 7 1 4
2 8 3 9 6 4 5 7 1
5 9 7 1 8 3 2 4 6
4 6 1 7 5 2 3 8 9
```

DECEMBER DAY - 12 (Solution)
Very Hard

```
2 6 9 5 3 8 1 7 4
4 1 7 6 9 2 3 5 8
3 5 8 1 7 4 6 2 9
9 8 4 3 5 1 2 6 7
7 2 5 9 4 6 8 1 3
1 3 6 8 2 7 4 9 5
6 7 3 4 1 5 9 8 2
8 4 2 7 6 9 5 3 1
5 9 1 2 8 3 7 4 6
```

DECEMBER DAY - 13 (Solution)
Very Hard

```
4 6 9 5 1 7 3 2 8
3 2 8 9 4 6 1 7 5
1 7 5 2 3 8 9 4 6
9 1 6 8 7 3 4 5 2
7 3 4 1 5 2 8 6 9
8 5 2 6 9 4 7 1 3
6 4 7 3 2 9 5 8 1
5 8 3 4 6 1 2 9 7
2 9 1 7 8 5 6 3 4
```

DECEMBER DAY - 14 (Solution)
Very Hard

```
6 8 7 4 1 2 5 3 9
3 2 9 6 7 5 8 4 1
1 4 5 3 8 9 6 2 7
5 6 8 9 3 4 1 7 2
2 7 3 8 5 1 4 9 6
4 9 1 2 6 7 3 5 8
9 1 2 5 4 6 7 8 3
7 3 4 1 2 8 9 6 5
8 5 6 7 9 3 2 1 4
```

DECEMBER DAY - 15 (Solution)
Very Hard

```
5 8 6 3 2 7 4 9 1
4 7 1 5 9 6 2 8 3
3 2 9 1 4 8 5 7 6
2 4 8 7 6 1 3 5 9
1 6 5 9 3 4 7 2 8
7 9 3 8 5 2 1 6 4
6 1 7 4 8 5 9 3 2
8 3 4 2 7 9 6 1 5
9 5 2 6 1 3 8 4 7
```

DECEMBER DAY - 16 (Solution)
Insane

```
8 5 9 7 6 1 4 2 3
6 4 7 5 2 3 1 9 8
1 3 2 9 8 4 6 7 5
9 2 8 6 1 5 7 3 4
4 1 5 8 3 7 9 6 2
7 6 3 2 4 9 8 5 1
3 7 1 4 9 2 5 8 6
5 8 4 3 7 6 2 1 9
2 9 6 1 5 8 3 4 7
```

DECEMBER DAY - 17 (Solution)
Insane

```
7 1 8 9 4 2 3 6 5
9 5 2 7 6 3 8 4 1
3 6 4 1 5 8 9 2 7
5 3 1 8 2 7 6 9 4
8 2 6 5 9 4 7 1 3
4 7 9 3 1 6 2 5 8
6 4 7 2 3 1 5 8 9
1 8 5 6 7 9 4 3 2
2 9 3 4 8 5 1 7 6
```

DECEMBER DAY - 18 (Solution)
Insane

```
4 6 2 5 9 8 1 3 7
8 5 7 6 3 1 4 9 2
3 9 1 2 4 7 5 6 8
9 7 3 4 8 6 2 5 1
2 8 4 9 1 5 6 7 3
6 1 5 3 7 2 9 8 4
5 4 6 7 2 3 8 1 9
1 3 9 8 5 4 7 2 6
7 2 8 1 6 9 3 4 5
```

DECEMBER DAY - 19 (Solution)
Insane

```
9 4 1 6 8 5 2 3 7
5 6 8 3 2 7 1 4 9
3 2 7 4 9 1 8 6 5
1 8 4 5 6 3 9 7 2
2 7 3 1 4 9 5 8 6
6 5 9 8 7 2 4 1 3
8 3 6 9 5 4 7 2 1
4 9 2 7 1 6 3 5 8
7 1 5 2 3 8 6 9 4
```

DECEMBER DAY - 20 (Solution)
Insane

```
2 7 8 1 3 9 4 5 6
9 1 5 4 2 6 3 7 8
4 6 3 5 8 7 1 9 2
8 9 2 7 6 1 5 3 4
3 5 7 2 4 8 9 6 1
1 4 6 3 9 5 8 2 7
7 3 4 9 1 2 6 8 5
5 8 9 6 7 4 2 1 3
6 2 1 8 5 3 7 4 9
```

DECEMBER DAY - 21 (Solution)
Insane

```
8 5 7 6 9 3 2 1 4
4 3 6 8 2 1 5 9 7
1 2 9 5 7 4 3 8 6
7 6 8 3 1 2 4 5 9
9 1 3 7 4 5 8 6 2
2 4 5 9 6 8 7 3 1
5 9 1 4 8 7 6 2 3
6 8 4 2 3 9 1 7 5
3 7 2 1 5 6 9 4 8
```

DECEMBER DAY - 22 (Solution)
Insane

```
4 2 8 1 9 3 7 6 5
9 1 3 5 6 7 2 4 8
5 6 7 4 8 2 1 3 9
3 7 9 6 2 5 4 8 1
1 5 2 3 4 8 9 7 6
6 8 4 9 7 1 3 5 2
2 9 6 7 5 4 8 1 3
8 4 1 2 3 6 5 9 7
7 3 5 8 1 9 6 2 4
```

DECEMBER DAY - 23 (Solution)
Insane

```
6 7 8 2 1 5 4 3 9
1 9 3 8 6 4 5 2 7
2 5 4 7 9 3 6 1 8
8 6 2 1 7 9 3 5 4
4 3 9 6 5 8 1 7 2
7 1 5 3 4 2 8 9 6
3 2 6 9 8 1 7 4 5
9 4 7 5 3 6 2 8 1
5 8 1 4 2 7 9 6 3
```

DECEMBER DAY - 24 (Solution)
Insane

```
6 9 7 4 1 2 5 3 8
3 2 1 5 7 8 6 4 9
5 8 4 3 9 6 1 7 2
9 7 8 1 5 4 2 6 3
4 3 5 6 2 9 8 1 7
2 1 6 8 3 7 9 5 4
8 5 2 7 4 1 3 9 6
1 4 9 2 6 3 7 8 5
7 6 3 9 8 5 4 2 1
```

DECEMBER DAY - 25 (Solution)
Insane

```
4 7 8 5 6 9 3 2 1
2 9 6 4 3 1 7 5 8
3 1 5 7 2 8 6 4 9
1 4 9 2 5 6 8 7 3
7 5 3 1 8 4 9 6 2
8 6 2 9 7 3 5 1 4
5 3 4 6 9 2 1 8 7
9 2 7 8 1 5 4 3 6
6 8 1 3 4 7 2 9 5
```

DECEMBER DAY - 26 (Solution)
Insane

```
4 3 5 8 2 6 9 1 7
2 8 9 1 4 7 6 5 3
1 7 6 3 5 9 4 2 8
9 4 2 5 8 1 3 7 6
6 5 3 4 7 2 8 9 1
7 1 8 6 9 3 2 4 5
8 2 1 7 3 4 5 6 9
3 9 4 6 1 5 7 8 2
5 6 7 2 9 8 1 3 4
```

DECEMBER DAY - 27 (Solution)

Insane

1	9	3	2	6	7	8	5	4
5	8	7	4	3	1	9	2	6
4	2	6	8	9	5	1	7	3
2	1	9	5	7	6	4	3	8
3	6	5	9	8	4	7	1	2
7	4	8	3	1	2	6	9	5
6	7	4	1	2	3	5	8	9
9	3	1	6	5	8	2	4	7
8	5	2	7	4	9	3	6	1

DECEMBER DAY - 28 (Solution)

Insane

3	2	6	5	9	8	1	4	7
1	8	4	7	6	3	5	9	2
5	7	9	2	4	1	6	8	3
6	4	5	9	8	7	2	3	1
2	1	7	4	3	5	9	6	8
9	3	8	1	2	6	4	7	5
8	6	1	3	5	9	7	2	4
7	9	2	8	1	4	3	5	6
4	5	3	6	7	2	8	1	9

DECEMBER DAY - 29 (Solution)

Insane

8	2	7	1	3	9	4	5	6
9	1	5	4	2	6	8	3	7
3	6	4	7	5	8	2	9	1
4	3	1	9	7	2	5	6	8
2	5	9	8	6	1	3	7	4
6	7	8	3	4	5	9	1	2
5	8	2	6	9	7	1	4	3
1	4	6	5	8	3	7	2	9
7	9	3	2	1	4	6	8	5

DECEMBER DAY - 30 (Solution)

Insane

7	9	2	1	6	5	4	8	3
5	8	4	2	7	3	6	9	1
6	3	1	9	8	4	5	2	7
1	6	9	3	4	8	7	5	2
2	7	8	6	5	9	3	1	4
4	5	3	7	2	1	9	6	8
8	2	6	5	3	7	1	4	9
3	1	5	4	9	2	8	7	6
9	4	7	8	1	6	2	3	5

DECEMBER DAY - 31 (Solution)

Insane

9	1	4	6	8	7	2	5	3
8	3	2	1	9	5	7	4	6
5	6	7	2	3	4	1	8	9
4	7	1	8	5	3	9	6	2
3	8	9	4	6	2	5	7	1
6	2	5	9	7	1	4	3	8
2	5	8	3	4	9	6	1	7
1	4	6	7	2	8	3	9	5
7	9	3	5	1	6	8	2	4

Made in the USA
Coppell, TX
29 November 2024

41337352R10044